BRAND

自媒體經營的
五大關鍵變現思維

個人品牌獲利

李洛克——著

PART 1

定位篇

PART 2

技能篇

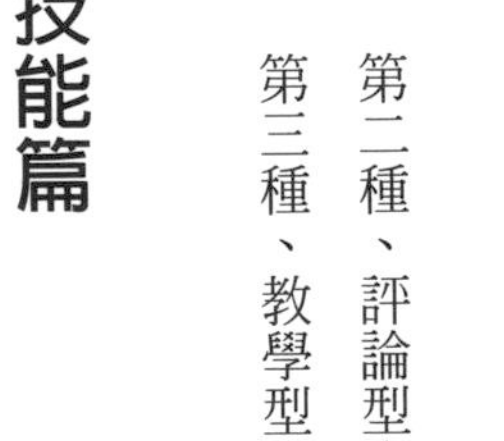

PART 3

行銷篇

PART 4

獲利篇

PART 5

願景篇

【自序】我為什麼出這本書，我希望幫助你什麼？

嗨我是洛克，謝謝你選擇了這本書。

個人品牌隨著自媒體的興起成爲了顯學，當你願意花時間閱讀這本書，有可能你只是想多瞭解一點相關的做法，你也可能急迫地想建立自己的個人品牌，甚至你可能已經在個人品牌成長的路上。

無論你對個人品牌瞭解多少，我都希望這本書能成爲一本與衆不同的書，不只給你建立個人品牌的觀念與做法，更重要的是我想告訴你：怎麼讓自己活下來、活得很好、獲取夠多的收益。

有的人會覺得「獲利」聽起來很俗氣？但是我並不這麼想。

在眞實的社會裡，「人是英雄錢是膽，好漢沒錢到處難。」無論是企業或個人，有了足夠的獲利才有做夢的權利。

你可以持續廣宣，讓你的好產品改善更多人的生活；你可以執行一些特別企畫，發揮更大的影響力；你可以招集一群夥伴，把事情越做越大……這些願景都需要錢來助你一臂之力。

甚至你只是爲了私人因素也無妨，一份高效益的收入可以讓你有時間陪伴家人、可以幫你圓一些有錢有閒才能做的夢、可以讓你擁有拒絕討厭工作的權利。

經營個人品牌是我認爲人生最值得的投資，它同時滿足了三個可以讓人生更幸福的要素：「自由掌控時間、實現自我價値、創造高效益收入」。

或者講得白話一點，就是「有錢、有閒、有尊嚴」。

當我將書名定爲《個人品牌獲利》就是希望除了個人品牌的建立，我更希望連後端的獲利方式都能分享。

我看過太多半路夭折的個人品牌，他們可能已經長期累積了內容、有了一群忠實受衆，他們也覺得自己略有小成了，但認眞計算帳面收入後才發現，他們其實沒有靠名氣賺到什麼錢，每天持續不停的經營社群與產出內容，但最後可能連普通上班族一半的薪水都沒有。

如何從零開始經營個人品牌，市面上已有不少書籍、網路上也有太多資訊，所以這一本書，我想更多著墨在如何讓個人品牌可以爲自己帶來獲利，還有我自己走過、試行過後的眞實經驗。

這不是一本充滿艱深理論、打算囊括個人品牌全面知識的書，我只想眞誠且具體地跟你分享我的視角，以及我在個人品牌獲利的路上，做過所有我覺得是正確、有效益的事。

個人品牌的成功方式並不存在唯一正確的眞理，條條大路都能通向羅馬，我的初衷就是寫出一本「連我自己都會這樣照做的個人品牌經營指南」，讓你能從我的經驗裡取出適合你的部分。

同樣幫你打造個人品牌，而且獲得還算不錯的報酬，讓你的人生擁有更多「拒絕」的權利，獲得更多「幸福」的可能。希望你在閱讀時也能感受到我滿滿的誠意，讓我陪你一起展開個人品牌的旅程。

【前言】為什麼需要個人品牌？

要分享如何建立個人品牌，我必須先說說我自己踏上經營個人品牌的契機，是哪三位貴人改變了我的一生。

2012年11月，我還在國內某間數一數二的冷凍工廠擔任儲備幹部。美其名叫儲備幹部，其實什麼雜事都要做，還記得我剛上班的第一個任務就是「殺魚」，殺台灣鯖魚。

漁船半夜現撈的鯖魚送進工廠，當天就必須趁著新鮮把魚全部處理後凍結，就算加班到十點、十一點也一定要完成。

我想請你猜猜看，猜我當時最高紀錄一天可以經手多少條魚？是五百嗎？是一千嗎？

這數字大到不可思議，答案是一萬五千條！

一個人當然不可能殺一萬五千條，那是一組三十幾個人的產線分工合作，第一個人剁魚頭、第二個人開魚背、第三個人洗魚身……每個人只做一個處理步驟，才能像機械一樣維持高產能。

當時我的工作是「勾魚」，整天看著魚在輸送帶上一尾一尾跑過我面前，腦袋完全不用運轉，手指已經完成了重複性的動作，把魚勾成背面朝上，讓腹部的鹹水比較容易瀝乾。

在工作時手上會戴著三層手套，但下班之後取下手套，指尖還是有怎麼洗都去不掉的魚腥味，衣服的邊邊角角也會黏著不知道什麼時候沾上、已經乾硬的魚肉碎屑。

當時朋友開玩笑都叫我「臭魚人」，那股魚腥味好像已經深入我的骨髓，散都散不掉。

我心想，這裡的確是冷凍工廠，我的人生與夢想也隨之被冷凍了。

那幾年的我，心裡仍然時時刻刻想著一件事，我好想寫作！

寫作是我從國中就有的念頭。還記得很小的時候，我跟我爸說過我以後想當作家，我爸只是搔了搔頭，有點爲難地說：「當作家以後你會餓死。」

高中聽他的話選了理組，大學也因爲化學成績比較好選了化工。問了問身邊的同學，好像很多人都跟我一樣，有點懵懵懂懂就選擇了未來的路，你也是這樣嗎？

然而寫作是我從未放棄的夢，從國中寫武俠、高中寫個人新聞台（部落格）、大學寫網路論壇，我一直懷抱著可以靠寫作維生的夢想。

學生時期的我應該怎麼也想不到，26歲的我竟然是在冷凍工廠殺著魚，做著與寫作完全無關的工作。

但當時沒有人知道，其實我仍在寫作，寫小說、寫書評、寫個人感觸的散文。

就這樣過了兩年，我的想法更堅定了。我心想，如果我現在辭職，從28歲開始全職寫作，給自己兩年的時間，如果寫到30歲還無法靠寫作維生，那我就再回工廠上班，反正做的事也大同小異。

於是我在２０１４年正式離職，帶個工作兩年存下的二十多萬元，展開了我的全職寫作冒險。

當時我的想法很單純，我算過，我一個月大約只會花一萬元。如果我可以在存款花光之前，達成靠寫作一個月能賺一萬元，那我就可以先活下去，然後一直寫下去。

但這個熱血的規畫在我努力寫了兩年之後，最終宣告失敗。

我永遠記得，我全職寫作的第一年，一整年的年收入是一萬九千九百元，忙了一年，連兩萬元都不到，原來素人作者要純靠寫作活下來真的好難。

我不是相關科系畢業的學生，我沒有老師、沒有人脈，我的收入來源只有兩項：比賽得獎的獎金與投稿上稿的稿費，如果今天寫了一篇作品參賽或投稿卻沒有下文，那我就一毛收入都沒有。

那年收入的一萬九千九百元裡面，還有六千元是超商禮券，是參加一個漁港徵文比賽得到的，那陣子我就每天拿著禮券到超商換飯吃。

這時期也是我人生的黑暗期，我不敢跟爸媽說我已經把工作辭掉了；也不敢跟朋友見面，怕見面了要多花錢，也會尷尬不知道怎麼交代自己的近況。

在臉書上看到同學們一個個都已經升職成小組長、小主管了，我卻還在追逐著沒有未來的寫作夢。

每一天我都會問自己，是不是該放棄了？

那段時間我做得最正確的決定，就是在寫書之餘，還會每天抽出時間寫一篇部落格文章，一天就只寫一篇，但每天從不間斷。

堅持寫部落格的原因，就是我人生中的第一個貴人于為暢（暢哥）。

2009年我還是大學生，當時暢哥也剛出了他的第一本書《部落客也能賺大錢》，這本書讓我首次瞭解了經營自媒體的概觀。

雖然當年的我沒有行動，但必須經營自媒體這個觀念已經種在我心中，於是在我辭職之後，我立刻架設了一個部落格當作自己的生存備案。

我心想，就算暫時沒有出書的機會，至少先在網路上慢慢累積讀者，難保有一天我可以靠網站的人氣活下來。

又隔一年，在我投稿了二十幾個比賽都失敗，整個人信心跌到谷底後，我終於得到了東立原創小說獎，拿到一筆獎金加一紙出書合約。

這本來應該是令人開心的事，但我卻笑不出來。

因為我已經能預估，照這樣的進度我根本活不下去。過了這一年多的時間，我的二十幾萬追夢基金眼看就快燒光了，但收入還是每個月有一筆沒一筆。

我心裡明白，為了錢，我必須回去上班了，全職寫作之路必須中止了。但多了兩年職涯空白經歷的我，又該從哪重新開始呢？

這時候我生命中第二個貴人出現了，聯合報系文化基金會的邱文通營運長。邱營運長剛成立一個新出版社「uStory有故事」，他說他看我的部落格一段時間了，也透過部落格瞭解了我這個人，從我寫的文章知道了我的寫作風格，然後他跟我約了一次見面聊聊天，問我有沒有興趣向一群大學生分享我怎麼寫作、怎麼經營自媒體的。

那一場是我人生中第一次的講座，邱營運長也坐在教室的最後方靜靜聽著。過了一個禮拜，他撥了通電話給我，很直接地問我有沒有興趣到uStory擔任編輯的工作，他覺得我很適合。

這通電話向快溺死的我拋了一個救生圈，讓我每個月有了穩定的收入，而且是一個離寫作比較近的工作。

在出版社工作期間，我們完成了不少書籍專案，其中不乏暢銷書、公部門的大型公益合作、偏鄉教育資源的推廣等，還舉辦過上千人的大型活動。

雖然在uStory的工作非常愉快，也奠定了我對出版業商業模式的認知，但在我的內心深處還是想當寫作者多於當編輯，於是我又興起了再次全職寫作的想法。

然而在書市日漸萎縮的情況下，新人作者銷量常常不夠他生存，所以新作者多數都需要經營出自己的一群讀者，或者有其他能帶來收入，又不太影響寫作的工作。

這時候我生命中的第三個貴人，許榮哲老師出現了。

榮哲老師會認識我是因爲我的部落格上寫了一篇《小說課》的書評，當時榮哲老師看到了，他覺得「這個人眞的是哏王！」（此爲他的原話）然後大膽找我爲他的新書《小說課Ⅱ：偷故事的人》寫一篇書評，我們的關係也僅此而已。

但在我擔任編輯一年多之後，還記得有天我去聽榮哲老師的講座，聽完之後我們一起坐了一小段捷運，路上我跟榮哲老師透露我想全職寫作的想法，他當時聽完只是點點頭，沒有說什麼。

但過了幾天他傳訊問我，有一場他時間撞期沒辦法去的作家講座，我有沒有興趣去分享一下？

我本來以爲這只是偶爾一場的轉介，但沒想到從那天以後，在榮哲老師能力所及的範圍，他都會推薦有一個新人作者叫「李洛克」，各大單位有適合的活動可以找他去分享。

我對榮哲老師的感恩就算寫百萬字也無法說盡，我也默默發誓，這一生只要榮哲老師有需要我幫忙的地方，我一定全力以赴，湧泉以報。

因爲編輯的工作經歷加上榮哲老師的大力推薦，我自己也透過網路接到很多小型分享會的邀約。那時候無論多少人的場次我都願意去，有些場子即便只有個位數的聽眾我也從不推辭。

有時地點遠在偏鄉，算一算交通與備課時間，時薪還比不上打工族；也有講座是根本沒有拿錢，只是讓自己能多露一些臉。

就像水滴一滴一滴打穿石頭一樣，我再次全職寫作的那一年，默默累積了上百場講座，眞實與幾千位聽眾面對面接觸，讓他們知道我是誰？我擅長什麼？如何可以找到我？

再後來的事，就像火車上了軌道，變得順利了起來。

我的部落格開始有越來越多死忠讀者，還有社群貼文爆紅三天破百萬人看。被新聞採訪、甚至有導演找我合作編劇，推出的線上課程也有上千人參與學習，近期出的兩本書也成為年度該類的百大暢銷書，接著又有一本書現在被你拿在手中閱讀。

這是我目前為止的人生，你會發現，其實我的三個貴人都跟我的「部落格」有關。第一個貴人暢哥讓我決定經營自媒體；第二個貴人邱營運長是透過自媒體找我工作，延續我的寫作路；第三個貴人榮哲老師也是透過自媒體認識我，進而變成我的生涯導師與助力。

其實我之後的經歷也跟自媒體脫不了關係：爆紅文章也是寫在自媒體，導演編劇合作也是透過自媒體認識我，線上課程也是在自媒體販售，近年的所有出書都是出版社透過自媒體認識我並邀約我。

如果我沒有透過經營自媒體建立個人品牌，我可能在2015年得獎，出了一本書之後，就因為無法被人知道、無法有足夠收入養活自己，然後乖乖回去找一份工廠的工作。

接著可能因為工作越來越繁重，寫作時間也慢慢減少，再加上現實的考量，最後放棄了我的寫作夢。

如果沒有經營個人品牌，我完全不會是現在這個我。透過經營自媒體建立個人品牌，是我這一生做過最正確的決定。

還記得我在〈自序〉有提到三個可以讓人生更幸福的要素：「自由掌控時間、實現自我價值、創造高效益收入」。

這三點也是我想經營個人品牌的原因。

第一、自由掌控時間

這一點我想講的不只是高工時的問題，比起把自己的時間賣給公司，我其實更不太喜歡的是漫長的升遷制度。

我常覺得，職場的規則就像是大家在一個窄窄的手扶梯上前進，前面的人不往前走一階，你也只能等他前進你才能跟著往前一步，很少有超車的情況。

等廠長退休了，副廠長升廠長，課長其中一人升副廠長，副課長升課長，組長其中一人升副課長，組員再升組長。

這種排隊等待升遷、每年加上一年年資的情況，讓我覺得累積成果是一件好漫長的事。就算我做得比所有人都勤快，我也很難打破公司的制度。

但在我經營自媒體之後，我離開了升遷隊伍裡的排序，可以按照自己的步調安排工作，我也獲得了拒絕不喜歡的工作的權利。

我為我的成果負責，我累積多少讀者、產出多少內容、就能對等獲得多高的收入。我完全為自己努力，就做得更加投入，也直接回收努力的成果。

第二、實現自我價值

以前在公司上班時，做事的價值是由主管來判斷，這標準也多少會由主管的主觀認定。

但是經營自媒體是讓你直接面向一群受眾，由多數人來判斷你的價值。你的成果也不是由每半年或一年的考績來衡量，你幾乎每個月、每一週都可以具體看見你的努力是否有效？帶來了多少成果？該如何修正？你能確實感受到你努力的價值。

你的價值還會隨著你的內容累積不停成長，這些個人的數位資產不會因為某個主管不喜歡你就大打折扣、也不會因為你離開公司就化為烏有。

最棒的是，在我經營自媒體後，每隔一段時間總會有人傳訊或來信感謝我的內容對他們的幫助，真實感覺到「世界上因爲我而讓許多人獲得了幫助」的感動，更是無價。

第三、創造高效益收入

在我想要離職的前夕，副廠長還特別把我拉到小會議室跟我長談，他神秘兮兮地告訴了我他的年薪，大約是一百二十多萬，然後跟我說：「好好幹，公司不會虧待你的。」

畢竟公司是位在東部的傳統冷凍海產加工業，所以這樣的薪資副廠長可能已經很滿意了。如果我在工廠持續工作個二十年，我的未來可能就是副廠長的模樣。

但當我離開公司，自己經營自媒體後，第三年的總收入就已經遠遠超越了副廠長的年薪，不只工時更少、更彈性，而且都是我做得開心的工作。

在我的價值觀裡，工作收入該追求的不是高總額的收入，而是高效益的收入。也就是說，你不只該追求得到的收入越多越好，你也該同步追求付出的成本越少越好。

工作最巨大的成本就是時間，時間也是人生中最珍貴的資產。

如果一份每天工作12小時，年收五百萬的生活，跟每天工作3小時，年收兩百萬的生活。前者總額高，後者效益高，我絕對會毫不猶豫地選擇後者。

在收入標準能滿足自己期望的生活品質後，我會希望能自由運用的時間越多越好，我可以把時間留給家人、留給朋友、留給自己有興趣的事物。

工作收入的效益，也是我想經營個人品牌的原因。

「爲什麼需要個人品牌？」是一個大哉問，每個人都會有不同的原因、動機與目標，很難只憑某一個原因就能讓你覺得「經營個人品牌超重要、超棒的，我也想做！」

在本書最後的部分，我會設計幾個問題，幫你思考你是否眞的需要經營個人品牌。

也就是說，我覺得你可以先瞭解整個經營個人品牌的步驟，知道你要執行什麼、付出什麼之後，再思考「你爲什麼需要？」也不算太遲。

從這篇我的經歷，我想先讓你知道我的過去，還有個人品牌對我的幫助。也許其中也會有你想經營個人品牌的理由，可能是自由度、成就感或未來性。

讓你知道我的背景，這樣你在後面閱讀時，同時也更理解「我爲什麼這樣建議？我爲什麼覺得這樣是對的？」這些都跟我的歷程息息相關，你可以再依據你的背景與身分，自己調整怎麼取用我的建議。

我的建議絕不是眞理，只是我個人經歷與經驗的復盤，但希望對你有所幫助的初衷絕對是眞心誠意的。

雖然我兩度從職場離開，但我也先預告，經營個人品牌跟同時擁有一份正職絕不衝突，我也很建議把你的正職同時發展成個人品牌。

下一章會開始進入本書的第一部分〈定位篇〉，我將一步步分享如何高效益地打造個人品牌，讓我們先從幫自己定位開始吧！

PART 1
定位篇

聚焦：找出自己的關鍵字

要從零建立個人品牌，你要做的第一件事並不是架設部落格、申請社交平台帳號，也不是產出內容、研發產品。

第一件事是要先設定自己的定位。

設定定位就像是出門旅遊前要規畫路徑一樣，先規畫好路徑再出發，才能提高前進效率，讓個人品牌之路少走一點冤枉路。

本書的第一部分〈定位篇〉，我就要從四個面向幫你設定自己的定位，讓大眾明確知道你是誰？你專精於什麼？我能找你做什麼？

你應該發現了，這三個問題其實就是你的自我介紹。

很多人一聽到要「設定定位」，就覺得這聽起來很模糊抽象啊！不知道該怎麼具體執行。

其實設定定位的起點很單純，就是請你先學會怎麼介紹自己。

我們可能從小到大已經自我介紹幾百次了，不外乎就是說一下我叫什麼名字、我在哪裡工作、我是哪裡人、我以前讀什麼學校等。

自我介紹這件事，我們雖然好像都已經駕輕就熟了，但多數人卻從沒有好好思考過自己介紹了什麼，沒學好過怎麼介紹自己。

設定自己的定位的第一步，就是做好自我介紹。

同時你注意到了嗎？我用的詞彙是「設定」而不是「找出」，這表示個人定位是有後製加工的空間存在，你可以定義自己是怎麼樣的人。

當然，這個「設定」也不能是空穴來風，還是必須跟你本身有連結。要怎麼設定，我們可以先從一個小練習入手。

可以想像一下，如果你現在要跟一位陌生人做自我介紹，但你只能選三個關鍵字並解釋原因，由此讓他認識你，你會選哪三個關鍵字呢？

以我自己做示範，我的關鍵字群會是：

小說、化工、殺魚、個人品牌。

在我解釋之前，你應該有發現吧？我上面寫的關鍵字是四個，但我不是請你選三個嗎？

這邊就是一個小訣竅，在選自己的關鍵字的時候，可以先多寫幾個再來篩選出適合的。

我的四個關鍵字

小說

我最早是從武俠小說愛上寫作，我出版的第一本書也是比賽得獎後出版的奇幻小說。同時從2014年起，我就在網站「故事革命」上不停分享自己的寫作心得與方法，多年來累積了75萬字的內容，多數人對我的認知也是故事與寫作技藝的專家，所以小說是我人生中重要的關鍵字。

化工

即便我熱愛寫作，但無論是高中選擇文理組或是大學塡志願科系，我都是依照爸爸給我的建議，選擇一條比較穩健的道路。

我必須承認理工背景對我的思維習慣非常有幫助，像我就會用工廠管理的知識來安排自己的寫作計畫，也會習慣把故事技藝拆解成系統化的架構，所以化工依然是我的重要關鍵字。

殺魚

我花了兩年從事我沒有興趣的冷凍工廠工作，而且工作內容要把自己弄得髒兮兮的，整天關在充滿魚腥味的工廠，每天滿身大汗又肌肉痠痛。但也是因爲這個時期，我才更確定了人生應該把有限的時間去挑戰自己的夢想。

殺魚是我人生中的低潮期，但也是未來轉職的伏筆。

個人品牌

故事與寫作專家的印象就是我的個人品牌。

無論是擔任出版社專案總編輯、影視公司編劇、受邀各大單位講師、成爲暢銷作家，我的經歷都跟個人品牌密不可分；我也常受邀主講個人品牌與自媒體經營的課程，個人品牌也是我個人經歷的重要關鍵字。

你的關鍵字一定也會對應著一個原因，由此可以闡述一個你的重要經歷。

然而人生中發生過大大小小這麼多事，你可能也想出了好幾個跟自己有關的關鍵字，無論你想出了多少個，請你再多做一件事：請思考這個關鍵字（及背後的解釋）說給陌生人聽後，他會認爲你是個怎麼樣的人？

這個練習指出了一個現象，關鍵字其實有刻板印象。你選擇的關鍵字以及解釋就會在別人心中留下對你的印象，舉個例子來說：

假設你的關鍵字是「單車」，原因是你最近正好挑戰騎單車環島成功。

這時候我聽到你這樣介紹自己，我一定會覺得你是一個熱血有活力的人。

假設你的關鍵字是「書法」，原因是你的興趣就是練習寫書法。

我聽你這樣介紹自己，我就會認爲你應該是一個有文化有涵養的人。

人都是由過去的經歷形塑成我們的現在。所以當我聽到你曾經做過的事、曾經經歷過的事、現在持續在做的事，我也會由此判斷你是一個怎麼樣的人。你選擇拿出來分享的關鍵字，願意說給大家聽的往事，這些資訊就會幫你建立你在聽眾心目中的形象。

你可以把自己換到一般大眾的立場，模擬自己的關鍵字給人的感覺，看看這些形成的感受與印象是不是你所樂見的。

如果系統化一點，關鍵字可以從三個面向來篩選，找出哪些是你值得優先抬出來介紹的關鍵字。

篩選面向一：形象建立

這個關鍵字以及說明有沒有辦法幫你建立正向的形象？

例如「化工」這個關鍵字會幫我貼上一個理工思維的印象，這跟我一直在做的「系統化拆解故事技藝」是有吻合佐證的。

而「殺魚」這個關鍵字會幫我貼上一個「吃過苦」的印象，示弱與自嘲容易讓人對你產生同理心與好感，至少可以避免有距離感的形象。

篩選面向二：價值傳達

這個關鍵字以及說明有沒有辦法傳達你能提供的價值？

舉例「個人品牌」這個關鍵字的同時，我也在傳遞「我有培訓個人品牌的能力」。

而「小說」我又常常分解爲「故事」與「寫作」兩個相關的關鍵字，視不同的活動場合會使用在我的介紹上，讓聽衆知道我還有這兩項專業能力，一方面介紹自己，一方面也讓聽衆知道我專精於什麼，能找我合作什麼。

篩選面向三：特定領域

這個關鍵字以及說明，有沒有辦法爲你鎖定特定受衆或聚焦特定領域面向？

像「小說」就是比較限縮特定領域的關鍵字，但限縮並不是壞事。我舉個例子，假設有兩個律師，A律師說自己是「法律專家」，B律師說自己是「婚姻法律專家」，此時B律師雖然把自己縮小了，但也讓自己的專長更明確了。

大衆這時很容易產生一個錯覺，認為在離婚訴訟這個領域，B律師一定比A律師厲害吧！這就是限縮的好處。

個人品牌經營的前期，我都會建議你先鎖定一個明確的小領域，這會更容易讓人留下印象。等你搶下這個小領域的王座後，你可以再慢慢擴張到其他領域。

像我也是一開始鎖定「小說」這個小領域，有點成果之後再慢慢擴張到「故事」這個更廣的關鍵字。

而且有趣的是，就算我一開始主打「小說」這個小領域，但還是會有對「編劇、微電影、漫畫、繪本、故事行銷」有興趣的人會找上我。

當你是某個小領域的佼佼者，大衆也容易認爲延伸相關的領域你應該也不差吧！所以不怕你縮小領域，只怕你連一個突出的印象都沒有！

講完這三點，最後幫你整理一下這一節的重點：

第一、先用關鍵字聚焦自己的身分、專長、特殊經歷，你先幫自己聚焦了，向別人轉達時才容易聚焦。

第二、不是每個關鍵字都適合使用，思考一下這段素材會給陌生人什麼感覺，基本上都希望可以增加自己給人的好感。

第三、可以從形象建立、價值傳達、特定領域三個面向來篩選，讓關鍵字幫你增加好感、讓別人知道你的專長、讓特定領域知道你是專家。

第一篇先幫自己的現況收斂成幾個關鍵字後，我們接著進入下一篇〈頭銜〉的步驟。

頭銜：交集能找到獨特性

前一篇的關鍵字是幫助你從廣大的範圍聚焦自己的定位，從形象、價值、領域這三點選出適合拿來介紹自己的內容。

即便我已經請你將過往與現況濃縮成三個關鍵字來介紹，避免沒有重點的長篇大論，但有研究顯示，在行動網路的時代，人們的注意力僅能維持短短8秒，8秒之後就容易失去耐心。

就算你的關鍵字以及它的解釋再怎麼簡練，你都很難在8秒內介紹完自己吧！所以我們還需要更能抓住注意力的方法，就是把關鍵字再次濃縮精煉。

就像一篇文章需要一個吸睛標題來引人注目一樣，你的介紹也需要一個獨特的頭銜幫你先聲奪人。

本篇的任務，就是幫你從關鍵字再濃縮成一句獨特的頭銜。但在幫自己想頭銜之前，我想先打破你的心魔，不然心魔會阻礙你的頭銜想像力。

在實體課程中，想頭銜這個環節大家最常遇到的心魔就是「不好意思」。很多人會覺得自己很平凡啊，實在沒有什麼頭銜可用，也有很多人不喜歡把自己講得太滿太誇張，這樣會讓他很不自在，覺得尷尬，甚至覺得丟臉。

如果你也有浮現這些念頭，請聽我講下面這三個觀念：

第一，尷尬是好事

被稱爲商務人士版臉書的領英（LinkedIn）創辦人雷德．霍夫曼（Reid Hoffman）說過一句話：「如果你對產品的第一版沒有感到尷尬，那說明你推出的時間太晚了。」

尷尬是因爲帶有一點自我懷疑以及不被看好，這表示你正在做一件你也沒有百分之百把握的事，同時這也代表著突破與期望。

有點難爲情的頭銜是讓自己不要待在舒適圈，你應該正面看待尷尬這個感受，頭銜也可以是對自己目標的期許。

第二，品牌難低調

有的人會問，難道就不能低調一點做個人品牌嗎？

我的答案是「NO」！因爲品牌跟低調本來含義就是互斥的。做品牌的目的就是要建立某一種印象，讓大家容易想到你，或是想到你就產生某種好感。你希望大家容易想到你，但又想低調不張揚的做這件事，這本質上就是牴觸的。

既然你都決定要經營個人品牌了，那就請你應該逼自己高調一點，從形象、風格、頭銜、作品都應該朝能吸引目光、留下印象的方向規畫。

第三，對事不對人

如果前兩個觀念還是讓你無法大膽為自己想頭銜的話，我建議你可以用這一招，讓你的頭銜對事不對人。

暢銷作家許榮哲老師的頭銜是「華語世界首席故事教練」，這個頭銜是不是非常的高調，而且一般人要說出口眞的容易有點尷尬難為情？

如果你不敢這樣幫自己下頭銜，你可以從自己做過的事著手。

像我就常說我建了一個「台灣資料最完整的故事教學網」，把已經做過的事當成頭銜，這樣既不會讓自己尷尬，也秀出了你厲害的那一面，不會讓自己顯得太過平凡低調。

先有上述這三個觀念後，我們可以怎麼幫自己拼湊頭銜呢？頭銜當然不會是憑空捏造的，一定要跟你本身有關聯。

如果你要幫自己想一個頭銜，你的頭銜會是什麼呢？

我們常常會誤以為，只有自己是最厲害的才能變成頭銜。例如：

最會寫奇幻的小說家
美食部落格的第一把交椅

「最什麼」或是宣稱「第一」當然有助於搶奪大眾注意力，如果你能有適合宣稱「最」與「第一」的情況，我也會建議你多使用這類的形式。

但要是我們才剛開始經營個人品牌、還是一個新手，就比較難使用這種「最」與「第一」的頭銜，因為會有點太過誇大、名不副實，反而惹人非議。

作為一個剛開始經營個人品牌的人，我都會建議你朝以下這五點去想，通常頭銜都是由這五點交叉組合而成：身分、專長、經歷、領域、性格特質。

這五點分開列出來可能都還好，但有趣的是，只要組裝起來就會交集出你的獨特頭銜。我們來看幾個例子：

例一、身分＋專長

我有個學員是牙醫，而她出過一本推理小說。

她在做自我介紹時就可以說：「大家好，我是〇〇〇，我是寫推理小說的牙醫師。」

拆開來看，台灣寫推理小說的人肯定不少，台灣的牙醫師也是一大堆人，但是「寫推理小說的牙醫師」，可能全台灣就只有她一個人，這就是兩個屬性疊加出的特殊交集。

當然她的小說《牙醫偵探：鳖米殺機》就是寫發生在牙醫診所的兇殺案，所以「寫推理小說的牙醫師」這個頭銜就非常適合她。

比起她介紹「我是一個牙醫」或「我寫推理小說」，「寫推理的牙醫師」顯然更容易讓人注意、引起好奇、留下印象。

例二、經歷＋專長

曾經也有一個學員在課後問我，他想寫旅遊文章，他很愛旅遊也去過很多國家，同時他對咖啡也很有研究，也想分享咖啡的文化，那旅遊跟咖啡他應該先寫哪一個類型呢？

我就跟他說，兩個融合寫，你就是「旅行的咖啡師」。這就是從他的兩項交集找出頭銜與定位。

網路上寫咖啡的人應該不算少，而寫旅遊的人更是一大票，不過要同時有這兩項交集的作者應該就會減少很多，這就是你的定位。

例三、領域＋專長

我的好朋友歐陽立中老師是一位高中國文老師，但如果他向陌生人介紹自己時只說自己是一位老師，這樣就不容易引人注意、留下印象。

歐陽老師同時也是寫文章的好手，總能寫出被廣爲分享的文章，自己也整理了一套寫作法，所以他的講課封號就是「爆文寫作教練」。

寫作是他的專長，但也是一項許多人都擁有的專長，只說自己是寫作教練很容易跟其他教寫作的老師混在一起，沒有差異化的辨識度。

因此歐陽老師在寫作之前加了「爆文」（容易被分享的文章）這個領域來限縮，除了明確傳遞自己的擅長領域、鎖定特定受衆，「爆文寫作教練」在台灣也是一個罕見的頭銜，容易引人注意。

ϟ例四、領域＋領域

在上一節我們有反覆提一個觀念叫「小領域稱王」，要找出自己能稱王的小領域有時候靠兩個領域交疊就可能形成。

例如你打算經營美食文章，那糟糕了，網路上你至少有上千名競爭者，剛起步的你很難被大眾記住。

這時你可以限縮領域，你就專攻「台中」美食，立志成爲台中美食的專家！但這時你會發現，太晚了，已經有好多台中人早就累積了幾百篇台中美食文，你短時間內很難追上他們。

這時你可以再度限縮領域，美食這麼多，你就先專注在「火鍋」這個類別，你就瞄準成爲台中地區的火鍋達人，這樣兩個領域交集出的小領域就很容易沒人跟你競爭。

最後別忘了要高調一點，高調到讓自己微微尷尬，你不能只是說「我專注於台中的火鍋店」，你必須說你是「台中火鍋王」！這個頭銜就有記憶點了吧。

很有可能你的火鍋文章數量才十篇，而其他資深美食部落客的火鍋文章有三十篇，你的文章數還比別人少，不過很少讀者會眞的去細數你的火鍋文章是不是最多的吧。

但在你喊出你是「台中火鍋王」的瞬間，你就多搶了更多的注意力與印象分，讓網友認為在台中要吃火鍋可以優先看你的網站，畢竟你都自稱是台中火鍋王了。

能被記憶與辨識，你的個人品牌之路就踏出了第一步。

其他沒有定位的人可能牛排、披薩、焗飯、壽司、拉麵什麼都寫一點，但你不同，你只鎖定台中火鍋這領域專注經營。只要穩定產出內容，你應該遲早會變成火鍋文章最多的眞正台中火鍋王，坐實這個封號。

你也不要怕自己鎖定的領域太小，只要先稱王，影響力是可以轉移的。如果有一天火鍋王開始吃起了牛排，相信還是會有觀衆好奇當火鍋王遇上牛排會是怎麼樣的光景？

只要有鮮明的印象，就是先搶了注意力與印象分，這種頭銜也絕對好過被籠統泛稱爲「美食部落客」。

ϟ例五、領域＋性格特質

最後的例子還有我自己。我最早的筆名叫「小說界的李洛克」，比起叫「熱血寫小說的人」，小說界的李洛克聽起來有印象多了吧？

這邊又牽涉到一個取頭銜小技巧，如果我想表達我的熱血性格，我可以找一個超熱血的人，跨界借用名字，像我就借了漫畫《火影忍者》裡的超熱血人物李洛克的名字，自詡爲小說界的李洛克。

像是案例一講到的「寫推理小說的牙醫師」也能用這個借人物的技巧，改爲「牙醫界的福爾摩斯」或者「牙醫界的柯南道爾」。

這個借的人名當然是要越知名越好，不過我通常會建議，還活著的眞人或是同領域的人不要借。

如果是還活著的人，萬一他之後出了什麼意外變故或是負面新聞，你的立場也會變得尷尬。

如果是同領域的名人，他的名氣暫時都會比你響亮，你們在領域內的成就也容易被比較。例如你是新人歌手卻自稱「小周杰倫」，你的作品反而會被放大檢視，大衆也只容易記得周杰倫，卻不一定會記住你的名字，還會有點蹭人家熱度的感覺。

這兩類人名是我覺得能避則避的，能夠跨領域取材加上你眞心嚮往他的特質與性格，才會是比較好的做法。

經過這五個例子說明，你也應該從自己的身分、專長、經歷、領域、性格特質或其他屬性爲自己交集出一個定位，再從這個定位去濃縮出一個頭銜。

頭銜就算是自己給自己的也沒關係，你可以說你自詡爲○○○，或是你立志成爲○○○。

封號頭銜能幫助陌生人光靠幾個字就能記住你。在前期沒有人會幫你包裝的時候，你只能自己包裝自己，爲自己建立一個形象方便推廣傳播。

如果光靠頭銜就能讓陌生人對你有印象、感興趣、會想瞭解你、會跟朋友提到你，這樣在後續的行銷中，你就已經先搶下好位置了。

最後幫你整理一下這一篇的重點：

第一、爲了在更短的時間與注意力中搶占大眾的印象，你需要把自我介紹濃縮成一句頭銜，先勾起興趣、留下印象。

第二、不要怕頭銜讓自己尷尬。經營個人品牌本來就該高調一點，尷尬也可以視爲自己的突破與期許。

第三、可以從身分、專長、經歷、領域、性格特質或其他屬性爲自己交集出一個頭銜。頭銜是爲了搶注意、被記憶，寧可小領域稱王，也不要大領域卻沒有印象。

這一篇先幫自己濃縮組合出一句頭銜後，再接著進入下一篇〈寓意〉。

寓意：將過去改變意義

第一篇〈關鍵字〉是先聚焦你的幾項重點；第二篇〈頭銜〉則是把自己的身分再精煉成一句具吸引力的話。這兩部分都是請你先不要說太多，用少而精的資訊搶占大眾的注意力。

這一篇則要請你準備一些故事，用故事爲自己附加形象。也就是說，這些故事不是你自己說起來覺得有趣開心的故事，而是要準備用來行銷自己的故事。

我們在關鍵字的練習中有提到一個觀念，請思考這個關鍵字（及背後的解釋）說給陌生人聽後，他會認爲你是個怎麼樣的人？

爲自己說故事也是同樣的道理，要思考這段故事素材說給陌生人聽後，他會

認為你是個怎麼樣的人？

原則上說故事的目的也是要增加自己的正向形象，提升自己的價值感。先把這個說故事的目的牢牢記在心中後，再來篩選要說什麼故事。

改變故事的寓意

我們的生命中，每天都在發生故事，如果有刻意留心注意，其實你身邊一定有好多故事可以說。

一如我們可以選擇適合的關鍵字來介紹自己，同樣地我們也可以選擇適合的故事素材來建立自己的形象。例如：

一個你與家人間的溫馨故事，可以增加你的人性溫度

一個你的努力不懈過的事情，可以讓人看見你的奮鬥態度

一個你失敗低潮的挫折，可以讓人對你產生同理心、拉近距離感

你一定經歷過很多事，挑選不同的人生經歷來分享，就可以幫助大衆看見更多面向、更有魅力的你。

同時，人生是一段漫長的旅程，中間發生的種種事情，透過擷取不同的時間點，就能產生出不同的意義。

我先介紹一個故事小公式：前因＋後果＝寓意。

在我們要從自己的經驗裡擷取故事素材的時候，可以想想故事中的主角（通常就是你自己）一開始是什麼情況？故事最後是什麼情況？

你可以回憶一下我在前面講自己故事的前因後果：

前因

我提到一開始我是一個化工系的畢業生，我以前在工廠殺魚，最早也是一個沒有背景人脈的寫作門外漢。

後果

我一路寫作、投稿、寫部落格，歷經了小說得獎出書、出版社專案總編輯、影視公司編劇、建立故事資料網站、成爲暢銷書作家。

這個前因與後果就可以得出一個寓意：無論你過去的身分背景是什麼，你都能努力成爲你想成爲的人。

如果我改變故事的擷取段落，開頭「前因」不變，但我的「後果」改成：

後果—第二版

在我小說得獎之後才發現，原來新人作者在台灣要純靠寫書維生眞的非常困難，這時候故事的寓意就會變成：一直嚮往的夢想可能實現後才發現不如想像中美好。

第二版的後果也是眞實情況，這的確是我當時遇到的難題，才讓我轉而去做編輯。

像這樣擷取不同時間點的後果，就會改變故事給人的寓意。除了挑選故事的素材以外，擷取到適合的時間點，也是說故事的小技巧。

透過事件的因果關係，你想說的話、你想傳遞的理念，就可以包裹進你的故事裡面，比較容易被聽衆接受，而不會像是在說教。

所以我想請你在本章節做的工作就是：思考你的故事起始從哪開始？結尾要收在哪裡？可以得出什麼你想傳遞的寓意？

改變人生的寓意

如果你想說，你的人生到目前為止都是一大堆爛事、是一場大災難，實在找不出什麼值得分享的事，也擷取不出有意義的段落？

那我會希望你可以再次想想我剛剛提的故事小公式：前因＋後果＝寓意。這個公式在不同的情境下有不同的重點。

如果你是要為自己說一個能為形象加分的故事，我會跟你說重點在於「寓意」，確定了寓意後，我們再反向找素材、湊前因後果，就可以得出一個符合寓意的故事。

但是，如果你是要為自己的人生找到意義，我會跟你說重點在於「後果」。你還活著，你的人生故事還在你的手中繼續開創。只要你不放棄，你的「後果」就還在持續開創中，你可以決定哪裡是人生故事的結局，你可以為人生故事賦予意義。

還記得我說過我是一個被爸爸反對寫作夢的人，一路讀了我沒興趣的科系、做過最累最辛苦的工作，在我決心追夢之後才發現，夢想比我想像中的還難實現百倍。我不敢跟家人說，不敢跟朋友見面，我沒有錢、沒有人支持，在我全職寫作的第一年也沒有得到任何成果。

如果在最黑暗的這一刻，我選擇放棄了，我把故事就停在這裡，那我的人生就真的是一場追夢失敗的悲劇了。

但是我沒有放棄，我選擇了再持續寫下去，而且看似有了一些好結果。

其實這只是假象，我還有很多沒有老實告訴你的事，在我告訴你的每一件好消息背後，其實都還有一些我沒說出口的壞消息。

就例如得獎、編輯、編劇這三件事吧，當我的小說得獎出書了，我更瞭解作家的收入方式了，我才知道素人作家純粹靠寫書領版稅很難生存，或者必須活得很拮据，多數都必須要有另一份收入。

無論我願不願意，我都必須學習更多相關的技能，甚至去做一些我不算喜歡的工作，才能慢慢舖陳我的全職寫作之路。

我從沒有跟人說過，早期我其實還當過影子寫手寫過兩本書，但我就只能按字數拿稿費，不能掛名，但為了立刻有收入，我還是這樣賣掉了我的文字。

在我擔任出版社編輯的時候，我必須大量上台分享，但很多人不知道，我其實是一個很容易緊張的人，在學校的時候，我還曾經因為上台太緊張，雙手顫抖到被老師叫去外面走廊深呼吸冷靜。

我人生的第一場講座分享才短短一個半小時，但我永遠記得我是在家對著鏡子練了30幾個小時，練到上百張投影片每一張都能默背下來，我才能神色自若地上台說話。

那時候每一場講座我都是這樣準備的，然後才能漸漸成為一個不怕上台說話的人。

而在我擔任影視公司編劇的時候，我也曾經遇過有部網路電影都已經拍攝完畢了，在要上映的前夕，我被要求簽署一份政治聲明切結書，而我拒絕之後，這部電影的編劇就刪除了我的名字。

在我每一個好消息的背後，其實都緊跟著一些壞消息打擊我。我只是選擇硬著頭皮持續前進，不讓這個後果變成我的故事最後的結局。

現在的我就算被稱爲暢銷作家，但天知道會不會又再出現一個壞消息打擊我？我也不知道，我只能確定我會再次咬著牙持續前進，不斷努力再把我的人生往好的結果走而已。

就算你現在回顧人生都是一堆爛事，但我還是想告訴你，只要不把故事停下來，那些壞事就不是你的結語，而是人生反轉的伏筆。

我們將往事賦予的意義，有很大的彈性會被現況與我們如何看待它而改變，我相信只要持續行動，再壞的故事有天也能變得有意義。

在這一篇我很想告訴你這些事：

第一、你經歷中的前因後果與寓意是有關聯的，站在行銷的角度，應該擷取一些能增加正向形象，提升自己價值的素材，透過故事傳遞寓意。

第二、這點更重要，即使生命中充滿壞事，或是現在處於低潮，仍然要堅持往好的方向走，把它們變成你人生反轉的伏筆，改變這些壞事的意義。

這一篇是請你從自己的過去裡挖掘適合的故事，但是我更希望你能擁有走出低谷的勇氣與堅持，把自己的人生變成一個好故事。

當你活出自己的故事，找到命運的寓意，你將成爲一個有信仰的人。這時你才會由內而外散發光芒，擁有源源不絕的能量想把你的故事分享給更多人知道，我相信這才是每個人與衆不同的獨特價值。

在練習幫自己找故事、活出故事之後，我們接著進入下一個步驟〈分享〉。

分享：建立定位的推進器

前三篇〈關鍵字〉〈頭銜〉到〈寓意〉，是要你從自己的經歷裡聚焦重點，濃縮成能搶占注意力的口號，並盤點能為自己加值的素材。以上都是在請你鎖定一個好方向，做好出發前的前置作業。

至於具體出發該做些什麼？這就是本篇要講的內容——〈分享〉。

最簡單的方式就是在自媒體分享你的文字，可能是你的個人臉書、粉絲專頁，或者部落格；文字如果配一張適合的圖或製作成懶人資訊圖表，也可以分享在Instagram（以下簡稱ＩＧ）；把文字變成講稿，就可以錄成Podcast；把文字寫成腳本拍片，就可以放在YouTube（以下簡稱ＹＴ）。

無論想經營什麼形式，產出的內容仍然多數是文字優先，再轉製爲其他成品。以下我們會講解分享的好處、內容的目標、熱門內容的類型。

爲了方便你理解，內容的形式我會先以「寫出一段文字」來講解，實際上這段文字內容你可以自行再轉換成圖文、影片、音頻等其他形式。

我想先跟你說明透過自媒體分享內容的三個好處：

分享好處一：微試用

分享內容就是在網路上讓人免費微型試用你的專長。

假設你是修水電的專家，你分享了好幾篇一般家庭常遇到的水電問題，並講解怎麼自行維修，這時候如果有人家中遇到水電問題，他們就有機會透過搜索或社群分享找到你的內容認識你。如果他不想／不敢自己修，他們就可能直接找你來維修。

以上修水電這件事可以替換成多數的專業，用相同的路徑促成商業合作。

就算你不是專家型的經營者，你只是寫一些美食／旅遊／影評／開箱／生活紀錄／搞笑企畫等。

無論圖文或影片，你還是有一份專長，你的專長就是把這些內容製作得很生動清晰有吸引力，你的產品就是這些你產出的內容。

看到的人如果覺得你的內容很不錯，難保觀衆裡不會有老闆或是行銷企畫，當他要找網路意見領袖（Key Opinion Leader，以下簡稱KOL）推薦他的產品時，你就有機會脫穎而出。

所以不要小看分享內容這件事，對個人品牌的經營者而言，分享內容就是製作一系列免費的試用品，提供有需要的人用觀看領取、累積信任，再逐步達成回收利益的目的。

分享好處二：熟悉感

你在路邊的鐵門或住家一樓的大門上，有沒有看過很多被隨處亂貼的廣告小貼紙，它們上面可能就只寫著「水電維修」加上一支手機號碼。

就算它們有這項專業，願意提供服務，然而你對它們卻是全然陌生的，就算有天你家水電出問題了，它們也不會是你的第一選擇。

你的第一選擇常常是你認識的水電工，或是朋友推薦的人，這兩項都有熟悉感在發揮作用。

而分享內容可以增加觀眾對你的熟悉感，透過內容讓觀眾認識你的性格特質，長期觀看之下，觀眾就會從喜歡你的內容漸漸變成喜歡你這個人。

他們喜歡你，就會覺得你像是一個常常見面的朋友，而人會傾向跟朋友來往合作，即便這種假象的朋友不是最專業的也沒關係。

你有沒有發現，很多婆婆媽媽都喜歡買八點檔演員代言推薦的保養品、保健品，讓他們願意購買的因素絕不是演員們對醫美保健的專業度，而是每天在電視上見面的熟悉感。

熟悉感就能讓人被感性因素影響，做出非理性的選擇，也就是一種「我認識你很久了，我相信你不會騙我」的心態。

定期持續的分享內容除了可以累積熟悉感，甚至可以養成觀眾的收看習慣、建立觀眾對你的黏著度，變成非你的內容不可。

分享好處三：倍增時間

你有沒有聽過有人是「連睡覺都在賺錢」？要達成這種夢幻生活好像必須要投資理財或當房東收租，不然就是自己開公司，讓員工幫你賺錢。

其實這件事沒有這麼難，你只要持續分享內容，讓內容可以被網友搜索得到、容易轉發，你就是連睡覺都在賺錢。

我常常形容我在2014年起寫的三百篇部落格文就像是三百個免費業務員幫我宣傳拉客，它們不分晝夜、無需休息，不停在網路上被人搜索、被人轉發，然後再延伸閱讀我的其他文章，累積對我這個人的認知。

如果今天我在演講說了一段話，這段話可能只有三十個人聽到，我想講給另外三十人聽，我就必須再開一場演講，再花一次我的時間。

當你靠自己的勞力與時間傳播同樣的內容，每重複一次都必須再花一次同等的時間，然而你一天的時間又有多少呢？

但是在網路分享內容，就是讓你的話無論被三十個人聽或三百人聽、無論是今天被看到或是下週被看到，你都只花了一次你最初製作與發布內容的時間。

這就是分享內容最大的威力。不再需要舟車勞頓、與人面對面、花你的時間心力一直重複相同的事，而是只要用心製作一次內容之後，讓這段內容在你休息的時候、在未來的時候都能持續被人看到、發揮作用，讓大量內容無限疊加你的宣傳時間。

如果你分享內容的最後還有某一項服務或商品可以購買，那就眞的是連睡覺都在賺錢了。

以上這三點就是透過自媒體分享內容的好處：讓人遠端評估你的專業、讓人累積對你的熟悉感與信任感、讓內容爲你增加宣傳時間並帶來收入。

說完了分享內容的好處，我接著談分享前的「目的確立」。

想開始分享內容的第一件事不是動筆，而是先思考。思考你想講什麼？你的目的是什麼？

就如同我在第一部分提到關鍵字、頭銜、故事素材時，都會請你思考這段資訊傳遞出去後，會讓聽衆認爲你是一個什麼樣的人？這個形象是你希望的嗎？

也可以反向操作，你想讓大衆認爲你是什麼樣的人，你就放出有助於建立這項形象的資訊。

這個模式在製作內容也是相同的，我們先用寫文章這個情境來理解，你寫的文章一定是爲了達成某個目的才會被寫出來。

我將內容的目的粗分成三種：

內容目的之一：提供價值

你可以思考這篇文章你想提供什麼幫助？解決什麼問題？

具體方法是，你的每篇文章就說明解決一個「你的領域常遇到的問題」。如果你已經有一個小社群了，你可以做一個問題蒐集的活動。一個人提出的問題，可能就有一百個人默默想過但不好意思開口，光是搜集大家的問題就有大量題材可以製作。

由明確解決某個問題來寫作，則可以確保文章產出都是被人需要的，這就是內容的價值。

剛開始不知可以寫什麼的時候，一篇解答一個問題是最安全且有效的方式。

內容目的之二：新穎觀點

你可以思考這篇文章是否有個罕見的觀點、新穎的角度？具體方法是，嘗試評論一件時事，但提出了與多數人不同的意見或角度。人格特質常常建立在「與衆不同」的地方，說出你跟大家不同的觀點會讓你像是一個有主見、有個性的眞人，而非圓滑卻不眞實的公關形象。

我舉個例，例如男女第一次約會該不該由男方請客？這種久久就會被拿出來討論一次的議題，你也可以說說你的想法？

在練習想觀點的時候，要習慣全盤思考來腦力激盪。承上面的議題，你可以從三種不同結論來思考，怎麼能有理有據地說服大衆。

1. 應該男方請客，因爲……
2. 應該各付各的，因爲……
3. 看情況不一定，因爲……

多數人直覺會選擇上面三種結論其中之一來發表意見，但是你應該嘗試三種結論都想過一遍，而且三種你都可以找到合理的說法，讓自己能多角度思考，讓觀點更廣泛，甚至提出更少見的觀點，例如：

4. 應該女方請客，因爲……

5. 誰請客才不是重點，重點是……

你應該也有感覺，最吸引人想看的，往往是最罕見、最顚覆普遍認知的觀點，看完之後給人一種「對呀有道理，我怎麼沒想過！」的感受，想分享給其他人看看你的想法，這就是新穎觀點的威力所在。

內容目的之三：形象加值

你可以思考這篇文章是否有幫你增加正面的形象？

你可以自己模擬思考，當文章給讀者看到後，他們會認爲你是一個什麼樣的人？這也是我們前幾篇文章一直提到的，習慣反思資訊與形象認知的連結。

其實前兩項目的「價值&觀點」就已經會爲你附加形象了，只是如果今天你要寫一些雜感文、生活記錄文等其他類型/風格/形式的內容，你也可以想一下，這篇內容會爲你附加上什麼形象呢？是你所樂見的嗎？

以上三個應該要達到的內容目的，並不是要限制你「沒有目的的文章就不要寫」，而是站在經營的立場，能有目的、有功效的發布，當然對經營個人品牌是比較有幫助的。

我也知道很難每一則內容都符合這三個條件，有時候我們就只是想在網路上說一些心情雜事，沒有什麼目的，像這樣自由自在說說話當然也可以。

但我會建議你至少讓內容不要造成你形象上的扣分，像是避免族群歧視、爭議價值觀、不當玩笑、呈現令人反感的特質等，有時候必須一句一句來檢視，避免自己因爲某一句表達不得當而被擴大解讀。

當然也別忘了，以上我用寫文章的敘述只是建立一個讓你好理解的情境，這三個內容目的用來製作圖畫、影片、音頻也是同樣適用的。

講完分享的三大類目的，最後列舉三種內容類型，讓你具體知道可以寫什麼、製作些什麼、分享些什麼。

第一種、體驗型內容

無論是美食、旅遊、商品開箱、書評影評、家庭生活紀錄，甚至介紹某人也是一種體驗文。體驗文的目標當然就是把值得推薦的，寫得清晰生動吸引人。

體驗文的優點是永遠不怕沒有題材，生活的體驗都可以寫文，但缺點是你寫的題材恐怕多數人也都能體驗寫文。這時候重點就在於你的差異化定位（前面三篇提過的內容）與內容製作品質。

也別忘了，體驗文就是你的產品，在沒有人付費找你製作之前，你自主產出的內容就會讓業主模擬「當他的商品交給你宣傳會是怎樣」，所以請拿出同等的製作規格，才能吸引業主主動聯繫你。

ϟ第二種、評論型內容

評論文就是請你對近期發生的事件發表見解，目標在於能說出別人比較少提到的觀點角度，呈現自己與眾不同的個人特質。

評論文的優點是獨特性，因爲是你的想法、你的意見，就算可能部分觀點已經有人提過了，但從你口中說出來，還是會有你獨有的腔調風格。

缺點是要提出新的觀點角度的確需要花一點心思推敲，同時提出意見也容易有不認同的人反駁，作者需要較強的抗壓性調適。

評論文又可以分成評論自己熟知的領域，以及評論大眾都知道的時事。

像我就曾針對有個老牌子的創作平台關閉，寫過一篇網路寫作者的未來方向。這就屬於熟知領域的評論。

領域評論能鞏固你鎖定的受眾，樹立你是這領域專家的形象。壞處就是對此領域不感興趣的受眾，內容就會缺乏擴散的能力。

評論時事的好處是，多數民眾大致了解事情始末，省去解釋成本，熱門的事件也會吸引大眾想多看看你的想法，方便觸及到同溫層以外的民眾。

如果能從時事連結到自己擅長的領域會是最好的情況。一方面擴散，一方面又讓人知道你的擅長領域與經營項目。

第三種、教學型內容

如果你有某一項專業，寫教學文會是你前期建立個人品牌最好的選擇。因爲它直接能建立你的專家形象。

同時如果民眾因爲你的內容可以得到收穫甚至解決問題，即便你暫時沒有實質金錢上的回饋，但我會戲稱這叫累積「陰德值」，其實就是累積讀者的好感與信任感，還有無償被幫助的內疚感，當你有推出適合產品的時候，他們就會購買來回報你的付出，以上是教學文的優點。

教學文的缺點則是作者必須有一定程度的專業度，不然寫不出值得一看的內容。如果你很怕自己不夠專業，我偷偷跟你說，請記得兩個觀念：

第一、門外漢永遠比專家多

在教學的世界不是教的內容越高深就會吸引越多人，反而是教得越淺顯易懂才會有很多人想進一步瞭解。畢竟我們多數人都是門外漢，能用好懂的方式包裝知識，其實也是另外一種專業。

你可以定位自己是專門教「某類型的門外漢」，這樣同時有廣大的市場，又不會把自己逼上無止盡鑽研專業度的窄路。

第二、沒有人的成長路徑會百分百吻合

你如果是一個家庭主婦，你可以教大家全職媽媽怎麼寫部落格；你如果是一個高中生，你可以教大家高中生怎麼寫部落格；你如果是一個在職員工，你可以教大家工作業餘怎麼寫部落格。

以上三位的教學文可能都沒有部落格大師教得深入、教得厲害。但他們卻有他們獨特的成長路徑，會吸引有相同背景的讀者。這些讀者只會想看你，不想看什麼部落格大師，對你的好感度並不會輸給比你厲害甚至資深的前輩。

基本上不敢寫教學文只是一種心魔，記住這個原則：「教你走過的路、教你

所知的一切。」無論你懂多少，總會有比你不懂的人。只要心態正確，保持眞實不誇大，人人都可以分享你所知的一切。

以上這三種內容類型是我覺得建立個人品牌最好用的三種。教學型內容建立你的專家形象，並幫助他人累積信任；評論型內容展現你的思維主見，像個有性格特色的眞實的人；體驗型內容讓你不缺題材，也讓人看見你私下放鬆的那面，拉近距離感。

同樣別忘了，以上這三種內容類型用來製作圖畫、影片、音頻也是同樣適用的，並不局限於文字寫作。

最後回顧一下本篇文章我們談的：

- 分享內容的三個好處：微試用、熟悉感、倍增時間
- 內容應該要達到的三個目的：提供價值、新穎觀點、形象加值
- 建議分享的三種內容類型：體驗、評論、教學

你不必先成爲專家大神才有資格分享，正確的路徑反而是，你必須先不斷分享才能成爲專家大神。

前面我談了〈關鍵字〉〈頭銜〉到〈寓意〉都是幫你占領一個定位，鎖定一個方向，但是有了方向卻不出發，再精彩的規畫也是枉然。

那些超吸睛的定位不是先喊先贏，而是先喊「先做」先贏。在你喊出口號頭銜的時候，也要讓大衆看到你執行的成果，你才能坐實這個定位。

分享就是幫你完成定位的最後一哩路，每一篇的內容分享都會把你推向你鎖定的定位一步，一篇篇分享就是一步步前進。

就算你是從零開始經營的素人，只要專注領域分享三十篇、五十篇、一百篇有價值的內容之後，你就不再是素人，而是一個特定領域的經營者。

如果你不知道怎麼開始經營個人品牌？怎麼建立自己的定位？請記住，鎖定領域持續分享就是最快的方式。

持續分享之後如何獲利變現，我們後面的章節會再一一提到。

第一部分〈定位篇〉就先講到這裡，第二部分〈技能篇〉，我要接著跟你談談在經營個人品牌的路上一定要學會的技能，以及你一定要知道的觀念。

PART 2
技能篇

用學習解決障礙

剛開始經營個人品牌的你，必須把自己當成一個創業家，而且是個「一人公司」的創業家。

這表示從大到營運面的品牌定位、經營規畫、營收計算，小到執行面的產出內容、回覆留言、研究進修，你都要自己一手包辦。

在執行的路上，你可能要研發產品、可能要產出內容、可能要經營多個網路平台、可能要操作數位廣告、可能要學習新的工具與知識等，中間一定會接觸到你完全不懂的領域，這時怎麼讓自己可以在最短的時間內略懂，就會決定你的成長速度能有多快。

本書第二個部分，我想跟你分享個人品牌經營有哪些必學的知識與觀念。而第一篇，我要先跟你談談我對「學習」這件事的想法。

我先講一個我當時完全不懂的領域。

2014年決定離開痞客邦，使用Google的Blogger服務架設我的部落格時，遇到的難題就是「我不懂網頁的程式語法」。

Blogger的好處是可以自由設定版位與介面，使用程式碼安裝各種小工具。但自由的反面，就是你必須自己手動設定安裝，才能得出理想的效果。

當時我能做的，就是不停上網爬文，找到我想使用的功能就按照教學裝看看，如果裝上沒有反應，就只能逆向操作把它刪掉，然後再找替代的方案。

我最常去的網站，也是我心目中台灣Blogger語法教學第一名的網站「WFU BLOG｜Blogger 調校資料庫」，站長是Wayne Fu大神。

舉個實例好了，我當時想要讓文章下面可以自動列出相關的文章，就必須到Blogger後台的「範本」按下「編輯 HTML」，在程式碼頁搜尋 </body> 這個字串，找到後在此字串的前一行，插入以下程式碼：

```
A.<!-- 系列文章 start -->
B.<script>
C.//<![CDATA[
D.var postSeries = {
E.pointer : "☜" // 標示目前文章的圖示, 可使用 http 開頭的圖片網址
F.};
G.
H.(function () {
I.// 有使用系列文才執行
J.if (document.getElementById("postSeries")) {
K.var url = "https://drive.google.com/file/d/0BykclfTTti-0T2wwNU1aczhFRlk/view",
L.script = document.createElement("script");
M.script.src = url;
N.document.documentElement.firstChild.appendChild(script);
O.}
P.} )();
Q.//]]>
R.</script>
S.<!-- 系列文章 end, designed by WFU BLOG-->
```

你現在看完這段程式碼的感想如何？是不是會覺得頭超痛，完全無法理解，想立刻就關掉網頁呢？

我第一個念頭也是這樣想的，但接著我提醒自己，先不要去排斥，先試著讀讀看，輕微的逼迫自己去理解文章裡的教學。

就這樣爬文找著試著，我漸漸就能看懂一些很基本的網頁程式語法，自己也能做一些簡單的語法修改，終於慢慢做出一個自己滿意的介面。

每次有寫作的朋友問說我的部落格是找誰架的？當我說是我自己架的，他們都會嚇一大跳，以爲我有相關的背景，其實我只是敢去硬學而已。

直到2018年我找了專業的網站架設公司，業界口碑不錯的易德資訊，我才把這份工作交給了專家維護。

而現在的網站有需要修改時，我因爲當年能看懂一點語法，所以也能加快我跟工程師討論時互相理解的速度。

我一路上像這樣的自學經歷太多了，從怎麼架網站、怎麼優化網站的搜索排名、怎麼投放臉書廣告、怎麼分析網站流量、怎麼投放關鍵字廣告、銷售時怎麼串接發票與金流系統、怎麼優化文案、怎麼優化簡報、怎麼拍影片與剪輯……直到今天我還是在不停地學習一堆知識。

以上並不是我要你跟著學的內容，而是想跟你分享我對於學習的三個體悟：

一、把學習當常態

經營個人品牌就是微型創業，創業就是不斷學習的過程。所以遇到自己不熟不懂的事非常正常，都沒遇到難題才不正常。

只是有些人遇到不懂的領域反射就會先說「我對這個完全沒辦法啊」「這個

我絕對學不會啦」，這樣你就已經未戰先怯了。

請你要給自己一個信心喊話，你要這樣堅信：「只要我認眞學，沒有理由別人會的我不會！」

不要先入爲主地否定自己，先有「一定能學會」的信心，而且能心甘情願學習，學習的成效才會翻倍提升。

二、把學習當工具

對個人品牌經營者來說，你的學習就像是取得某個工具一樣，是要解決問題，並不是要去當專家。你應該針對「能解決問題」的面向學習，也就是「應用導向」。

就像我前面學語法的例子，我追求的不是要看懂每一行指令，我只是要能解決我的問題，讓網頁出現我要的效果。

我完全不敢說我懂語法，我學到的只是能解決我問題的程度，但這樣對我來說也就夠了，我可以把時間精力留給其他問題。

時間不夠是個人品牌經營者持續會遇到的問題，這時候懂得「抓大放小」就是考驗每個人智慧的時候。

你可能有聽過「學習曲線」這個現象。我舉個例子，你原本是個籃球門外漢，現在想提升投籃準度，於是你先花了三天練習，命中率從10%提升到40%；接著你決定再苦練三天，但命中率只從40%提升到50%；你一看不死心，決定狠狠再練十天，但命中率卻只從50%提升到55%。

這現象表示了，學習越到後期、內容水準越高，大量的時間心力投入卻只能得到小幅度的成長。

個人品牌經營者要學習的項目太多了，你不太可能把每個領域都學到專家般精通，你爲此的付出與回饋也往往不成正比。

但是你可以讓自己學到一個還不錯的、能解決多數問題的水準，這樣反而擁有最高的學習報酬率。

所以我想給你一個觀念，對個人品牌經營者來說，學習就是爲了解決眼前的問題，這樣你會明確知道你學這些的目的是什麼？你要學要什麼程度？學習動機也會比較高。

三、把學習當橋樑

我學過很多領域的知識，有很多面向我都只學到了「堪用」或「還不錯」的水準。

但就像我之前提的，雖然我不是程式語法高手，但當工程師在跟我說某某問題改什麼程式碼可以解決時，我是有辦法快速聽懂他的語言、跟他討論，甚至能明確提出另一個具可行性的方案與他交換意見。

現在流行將工作外包或是找人合作，但當你對外包的領域一無所知時，你連合作方給你的資訊是否正確都無法判斷。

我都會建議，就算你打算直接把某部分工作外包，但你最好還是多少懂一點比較好。避免對方說一句「這個做不到」你也不知道怎麼再溝通，或是你一直提出一些太過天馬行空的想法。

你學到的內容可以跟專家溝通、可以跟比你更不懂的朋友交流，讓你知道問題出在哪？能找誰能解決問題？它就是一道橋樑，讓你可以從難題通往解方。

以上總結出三點就是：

・學習新領域，先不要覺得自己一定不行，心態調整好才能事半功倍。
・爲了解決明確的問題而學習，並學到可以解決問題的程度即可。
・有基礎知識才方便與專家溝通、與人交流、判斷問題癥結。

個人品牌經營者要學的內容眞的太多了，每個人的領域不同，要補足的也不同，但如果要我給出建議，我會希望每個人都能擁有兩個技能——「寫作的能力」與「說故事的能力」，另外再獲得兩個提醒——「跨界時的槓桿思維」與「決策時的減法思維」。

這四項都是我這幾年來的深感非常重要的能力，我們接著四篇就一一來詳談。就先從「寫作能力」開始吧！

用寫作自我投資

寫作是最好的自我投資，我完全相信這句話。

對於個人品牌經營者來說，要建立大眾對自己的價值、定位、形象等認知，最低成本的方式就是透過寫作。讓大眾知道你是誰？你能提供什麼？你是一個什麼特質的人？

無論你經營什麼領域、之後想發布什麼類型的內容，我都相信寫作是你這一生一定要鍛鍊的能力，也是你持續執行必然會有收穫的付出。

在我寫這一篇談寫作能力的文章時，我的想法很明確，就是問自己，有哪些事是我認為剛開始寫作的朋友都應該知道的？能越早知道幫助就越大的？

我這幾年來寫作橫跨了很多類型，從寫小說、寫劇本、寫採訪稿、寫新聞稿、寫企畫、寫文案、寫部落格、寫社群貼文、寫廣告文等，有些爲了自己，有些是工作接案。

這些經歷累加起來，我覺得有一個寫作觀念是我特別想分享的，那就是「受眾思維」。

受眾思維說來單純，就是在寫作時明確知道你是要寫給誰看的？他們處在什麼情況？面臨什麼困境？在意什麼？關心什麼？

具備受眾思維是希望你的內容能讓讀者關心、在意、有共鳴，進而會引起他們與你互動、分享傳播。具體一點，你的文章應該做到這三件事：

第一、你要知道他在意什麼，吸引注意

現在是內容爆炸的時代，我喜歡用一種方式模擬讀者的注意力流失情況，叫「注意力血條」。

有打過遊戲的人應該都會知道，你操作的主人翁頭上會有一個血量計，如果

被攻擊了血量就會減少，當血量歸零，人物就會死亡。

讀者在閱讀文章時也是如此，在閱讀時如果他們讀到了讀不懂、抓不到重點、不感興趣的段落，他們腦中的注意力也會像是被扣血一樣。

如果文章開場沒幾個字就讓他覺得這篇文章好像很無聊啊，注意力血條快速歸零，他就會選擇放棄這篇文章不讀。

所以無論是文章、小說、劇本、影片等任何內容，在開頭我都會特別注意有沒有設計「吸引注意力」的措施。

具體一點，你可以用這兩招來吸引讀者注意：

第一招、時事跟風

一個大衆都在聊、新聞都在報、網路都在傳的議題，你如果搶快能由此來寫一篇文章，讀者的注意力起始就會比較充足，也容易被擴散出去。

時事跟風是吸引讀者注意力最簡單的方式，基本上就是看今天紅什麼，思考有沒有我可以聊的地方。

但這同時也是最累的方式，因爲這表示你要一直關注時事，然後搶快發表才能發揮最大的效益。

在沒有題材時，從新聞找題材來連結也是一個永遠不會讓題材枯竭的方式。

第二招、懸念前置

注意力補血需要懸念，也就是讓讀者想知道為什麼？

我會建議你可以把文章中最令人不解、誇張、衝突的部分放在文章的開場破題。例如以下的開頭範例：

- 寫這篇文章，花了我三年的時間
- 今天進公司，主管跟我說了一句話，我哭了
- 我用髒話拯救了一個迷惘的國中生

第一句使用了「不合常理」，正常人寫文章頂多寫一兩天，文章寫三年太奇怪了，令人不解，所以要到文章裡看原因。

第二句使用了「遮蔽原因」，從說話到哭，中間最關鍵的那句話是什麼偏偏

就不先講，讓你猜想、讓你好奇，所以要到文章裡看原因。

第三句使用了「矛盾對比」，罵髒話只會讓人生氣，髒話還能拯救人太矛盾了，故意把髒話跟拯救放在一起，對比感特別強，同樣要到文章裡看原因。

以上三個範例分別是三個小招式，總之，懸念前置的原則就是讓讀者想知道爲什麼？然後把文章看下去。

有句話說：「好的開始是成功的一半。」但是對於網路時代的內容來說，我會說：「好的開始是成功的全部。」如果你的內容觀眾看一開頭就不看了，那後面寫再好都沒有辦法被人知道。

第二、你要知道他需要什麼，提供價值

提供價值最直接的方法就是之前提過的，每篇內容都是爲了解決問題而產出，下一個問題則是必須確認，你提供的解答眞的是他最需要的嗎？

有時候民眾的眞心話不會直接說出口，或者他也不知道自己眞正要什麼，因此你必須習慣思考，當有人提出了問題，這個問題背後的需求是什麼？

以我自己來舉例，雖然多數的網友都會詢問我一些他們作品的問題，希望可以找出可以修改的地方。

他們的表象問題是把故事寫好，但眞實需求是什麼呢？他們希望把故事變好的目的是什麼呢？難道是把一篇寫好的故事就放在電腦的資料夾封存嗎？

當然不可能囉！所以他們眞實的需求其實是可以把寫好的故事投稿、參賽、網路發表，這些才是他們眞正想解決的困難。

而他們投稿、參賽、網路發表的目的又是什麼呢？應該是想要成爲一個出書作家，甚至是全職作家、有人氣的作家。這才是他的終極需求。

所以我的文章提供的問題解答，就算是關於故事技巧的部分，也會常常連結談到如何吸引大眾注意、如何被大眾喜歡、如何靠近商業市場，滿足受眾眞正的需求。

如果你只想到受眾的表象需求，你就觸碰不到他眞正的痛點，那個讓他煎熬難受的煩惱。

因此你必須習慣思考「問題背後的問題」「需求背後的需求」，找出什麼是受眾的痛點，那個他最想得到的是什麼？那個最折磨他的是什麼？

如果你能找到他眞正想解決的問題、想滿足的需求，這樣你的文章對他來說才有高度的價值。

能解決他痛點的內容，就算又臭又長，他也會耐著性子讀下去。

與其認定「現在網路上的人都不看長文了」，應該說「資訊爆炸後，對價值低劣的內容，我們的耐心更少了」。

讓你的內容都能明確幫助到你鎖定的受眾，這同時也是引起他注意、讓他有好奇心的方法。

第三、你要知道他支持什麼，讓他認同

如果文章中最後呈現的價值觀是讀者支持的，或情感是讀者有共鳴的，那他也容易認同你的文章，進而幫你轉發擴散。

要引起群衆的支持，前提是你必須知道你的群衆是誰？他們在意什麼？支持什麼？我舉幾個例子：

- 如果你的受眾是年輕人，這時候寫一篇「低薪高房價」主題的文章可能

就會引起廣大共鳴。

．如果你的受眾都是學校老師，這時候寫一篇「教改與老師的困境」可能就會讓老師們瘋狂按讚。

．如果你經營的受眾都是網路上的寫作者，這時候寫一篇「網路時代的寫作者求生之道」可能會獲得大量的分享。

你先了解你的群眾，知道他們對什麼議題特別有感觸、支持什麼觀點，由此來寫作就像是站在順風處，容易借力使力擴散。你可以從這兩點入手：

普遍情感

我們的普遍情感有親情、愛情、友情、寵物情等。

你如果文章是呈現親情，多數人皆有父母，甚至有些人父母已經不在身邊了，親情的內容可能就會特別打動他們。

再來我們可能都有戀愛過，或者是單戀、暗戀、失戀的經驗，就像那些情歌唱來唱去都在講愛情心事。但同樣可以觸動到有感情回憶的聽眾。愛情也是一個容易引起共鳴的議題。

至於像寵物情等感情，則是看你的受眾是不是會對這些情感有經驗、有感觸。

在你寫文章的時候，不要總是在講邏輯、講資訊、講道理，如果可以視情況加入某一個情感元素，不只可以軟化調性，也能增加一點動人的因子。

時代現象

根據你的受眾，你也可思考這群人正面對著什麼樣的普遍問題？對於年輕人，可能是低薪、高房價的問題；對於中年上班族，可能是家庭負擔大、生活一成不變的問題；對於銀髮族，可能是退休金不足、身體不健康、懷念過去時光的問題。

談論你的受眾在意的問題，這些正是他們也常常在思考、深有感嘆的事情，當然就容易引起共鳴與互動。

以上這三大點都是「受眾思維」的應用，你要知道他們在意什麼？需要什麼？支持什麼？這有點像是考試猜題，但不是隨便亂猜，而是你眞的去觀察瞭解過受眾的處境，你才能寫出說出他們心聲的文章。

說得更細微一點，其實連用字遣詞、文章的編排方式都必須考量「受眾思維」。我舉一個例子。

理解讀者心態，編排文章＋調整措辭

我有篇網路爆紅的文章叫〈別用瞎扯倡導對的事〉。當時網路上瘋傳一支影片，是把吳寶春跟李安年輕時的履歷，名字遮起來給七個公司的人資主管評論。年輕的吳寶春跟李安經歷都不是太好，自然在人資主管口中沒有什麼好評，結果這支影片就引發了年輕網友的議論。有許多網友都覺得這些人資主管是「狗眼看人低」，人資是根本沒有用的部門；很多人還分享自己面試時被人看不起的經驗，或是職場上被主管看不起的經驗，儼然變成一場世代對立。

不過我當時卻覺得影片裡有些誤導的論述，所以大膽寫了一篇逆風文幫影片中的人資主管們平反一下。

因爲我知道這篇文章的讀者多數會是年輕網友，我在文章一開始就提到「我不是老闆、也不是老人」表明自己的立場，先拉近與年輕讀者的距離，我不是職場上的既得利益者，也不是什麼萬惡的資方打手。

如果他們一開始就對筆者的身分存疑，甚至反感，那我之後說什麼他們也沒有興趣聽，「先讓他們願意看下去」絕對是所有內容的第一要務。

在文章中我也提到：「我身爲一個將屆30歲的人，當年也投過八十封履歷求職過、石沉大海過、被拒絕過。」「我絕對支持多給年輕人機會。」「感謝幫助過自己的人。」

這些都是從讀者心態考量，讓他們明白，我能懂他們忿忿不平的原因，我與他們都是一國的，以不造成對立的前提來與他們溝通。

文章中我也特別提到一點，如果忽視人資這項專業，胡亂錄取職缺，會對「面試者/求職者/在職者」造成什麼樣的困擾。

像是影響整體工作氣氛（流動率）、讓適合的人的位置被占掉（機會成本）、浪費了面試者的時間，又在他的履歷上多了一個短期離職的經歷，也損害了他對工作的熱情&對自己的信心，我也提到，這也是我的求職經驗（再次表達同一國的立場）。

因爲文章的受眾多數是年輕網友們，他們多數的身分是「面試者／求職者／在職者」，我才要提「忽視人資專業」會讓他們所面臨的困擾，他們才會重視、才會被說服。

反過來說，公司的損失我只需要淡淡點一下就好，因爲公司的損失很難讓「面試者／求職者／在職者」切身感受到，也很難引起他們的共鳴，因此無需太多著墨，這也是受眾思維的應用。

受眾思維除了影響文章的編排的順序、選用的內容，全篇文章長達兩千六百多字，文中還有個小秘密沒有被人發現。

因爲我要把人資主管們凸顯爲這次「戲劇性拍攝」的受害者，所以當然不可以讓讀者覺得他們是高高在上的大企業。

所以全文的用字我也有調整，像是不寫「企業」而是寫「職場／公司」；不寫「勞資雙贏」而是寫「勞雇雙贏」；不寫「企業主管」而是寫「產業主管」。

這些都是希望讀者在閱讀時，不要覺得人資主管跟公司很大，而是把他們與企業的形象縮小一點，變得平易近人一點，畢竟人都不會覺得強大的人是受害者、不容易同情資源規模龐大的人。

文章的用字遣詞也會影響讀者閱讀的潛意識，這些小小的心機也許無形中拉動了多一點人支持我的論點，這些都是考量過受眾思維的微調。

最後結果，這篇文章上線後，從我的臉書粉專加上我授權轉載的粉專，累積的文章分享就超過了六千次，三天內就超過百萬人曝光，還讓我上了新聞台的採訪。

如果你也在網路上寫文章，卻苦於文章總是引不起人的興趣、不會被分享、不會被認同、無法引起讀者的共鳴，理解受眾思維其實就是最核心的解方。

你可能覺得，本文我只教了「受眾思維」這一招，這樣真的夠用了嗎？

請你千萬不要小看它。

先理解受眾的心態，揣摩他們在意什麼？需要什麼？支持什麼？並且在寫文章時，依據受眾思維選擇題材、議論角度、調整編排、斟酌字詞。

光是這一招，就已經是一門需要長時間練習的技藝。

如果我只能用一篇文章的篇幅來跟你分享寫作這件事的技巧，我想「受眾思維」的確就是我覺得最重要，你也最需要知道的觀念。

萬一你覺得寫作現在就是你最欠缺的能力，你很想要知道更多技巧，那我只好厚著臉皮跟你推薦《寫作革命》這本書，四十篇文章、四十個技巧、四十道練習題，我保證一定會對你有所幫助，歡迎一讀。（詳細內容請掃描左方QR碼）

最後還是提醒你一下，學寫作就跟學習各種才藝一樣，不經過練習就不會進步。

沒有人只寫一篇就會成爲高手，我們所看到的寫作高手，都不知道默默已經寫了幾百篇、幾千篇，才能慢慢出現一篇兩篇三篇的爆紅瘋傳文章，漸漸成爲我們印象中的寫作高手或領域專家。

這也是你之後用寫作爲自己的品牌耕耘時，必須保有的健康心態。

每一次爆紅的奇蹟，回頭都能看見日常耕耘的軌跡。

寫作是一生受益的技能，無論你從事哪個行業、身爲哪個身分，我都希望你能保持寫作習慣，讓自己的思想可以凝固成文字，與更多好朋友分享。

下一篇，我們接著聊聊怎麼說故事。

《寫作革命》

用故事打動人心

說故事是公認要傳播、說服、記憶最好的表達方式之一。對於個人品牌經營者來說，擅長說故事，擁有說故事的能力，絕對是社群時代的一大武器。

本篇我們講的故事技巧，並非是指小說劇本的技巧，而是聚焦在網路上的內容表達，讓你在描述某件事的時候，可以讓故事更吸引人，甚至讓人覺得有所啓發。我覺得有三個重點：

重點一：從生活取材

料理需要好食材，故事需要好素材。

對一個頂級的大廚師來說，平凡的食材在他手上也可以變成美味的料理；但對一般家庭的爸爸媽媽來說，最新鮮或是品質好的食材，可以讓他們煮菜時事半功倍。

素材品質常常會影響故事好壞，當我們想把故事說好，有時候故事本身的起伏轉折與眞實細節就造就了大部分動人的成效。

我在擔任編輯工作的時候，就曾經採訪過十二位視障音樂家，對我來說這是一次生命的巨大震撼，他們所講述的故事比我能想到最離奇的情節還誇張，可這些卻是他們的眞實人生。

這些內容我不必加油添醋，只需要平平淡淡地轉述，也能讓讀者聽眾為之動容。

所以我都會建議想練習說故事技巧的人，先從描述身邊眞實的故事開始。我們身邊永遠不缺乏眞實的動人故事，只是我們缺乏了探究挖掘的習慣。我建議有兩個做法：

觀察&發問&記錄

觀察身邊的人事物是老生常談，對身邊的人多點關心、留心小細節、跟朋友多聊聊，在不造成對方壓力的情況下問問他們最近的困擾，或是他們印象深刻的事情，這些都可能挖掘到一個好故事。

生活中常常都有故事的線索，只是我們常常會輕易地放過。例如你的同事跟你抱怨說：「我老婆最近一直碎碎唸」或是「我兒子越來越叛逆了」，這時你如果說一句：「是喔，你壓力一定很大。」這段話題可能就到此結束了。

但你如果嘗試適時地問一句：「是發生什麼事了嗎？」對方一旦願意再多跟你說說，搞不好你就得到了一個意想不到的故事。

在不失禮的情況下，對他人的事件與情緒感受多一些發問，也是挖掘出故事的方法。

再來「勤勞記錄」也是基本中的基本，你每天聽到的趣聞、小故事，你覺得有點意思，搞不好可以拿來使用的，都應該記在你的手機、電腦或筆記本裡。

你先不要過度預判這些素材有沒有價值，覺得沒有價值就不記。有些素材是要放一放才會發酵昇華的，可能過了幾年重看，卻越看越有滋味，所以多記錄素材對於創作者絕對是必要的工作。

蒐集＆聯想

有些人可能眞的沒有什麼朋友，或者不好意思跟對方聊得太深入，當你不想從眞人取材，那從網路上的話題討論或是新聞報導蒐集素材也是一個方法。

但這些畢竟不是你的故事，只是網路上別人的資訊，所以我都會建議你再做一件事，那就是從這個話題中，你可不可以聯想到你或你的朋友也有類似的經驗。

如果你看到網路上在討論「吃飯該讓男生付錢嗎？」你可以也想一下自己或朋友的兩性交友經驗。

如果你看到有篇新聞是「媽媽因爲孩子成績不好就打小孩」，你可以也想一下自己或朋友求學過程中的經歷。

我一直都建議，說故事要有部分的眞實經驗當作根基，這樣說出來的觀點與細節，會比憑空網路蒐集想像更深入、更有可看性。

當你學會這兩招，你就會有源源不絕的故事素材等你發揮。

重點二：從缺點出發

挖掘故事素材聽起來還是有點模糊，當我們需要觀察、發問、蒐集的時候，到底要從哪邊入手，才會比較容易挖出好故事呢？

我都會請你注意到，在故事素材中有沒有出現「缺點、挫折、低潮」這類的環節，這些就是故事的能量之處。像這種含有「缺點、挫折、低潮」的故事，可以有三種效果：

真實感&同理心&距離感

如果今天你講的故事，主人翁是一個做什麼都成功、一路一帆風順、性格完美無瑕、沒有煩惱與憂傷的人生勝利組，這樣的故事眞的很少有人會想看，因爲他像一個童話故事裡才會有的人物，虛假不眞實。

當故事的主人翁是一個有缺點、有挫折、有低潮的人，我們會覺得這才像一個真實的人。真實的人本來就會有缺點、本來就會不完美，有缺點的人才像一個眞人，故事會更具眞實感。

當我們看到主人翁遭遇挫折、身處低潮，我們很自然地會有同理心，希望他能走出低潮，重新站起來。這會讓我們不知不覺就跟主人翁變成同一國的。

最後，故事的主人翁有缺點、會失敗、會難過，他就像我們一樣只是平凡人，這也會拉近我們跟他的距離感，對他產生好感。

只要對故事主人翁有好感、有同理心的支持，我們就容易把故事一直看下去。

起伏&轉折

說故事技巧中，常常會跟你說故事要有起伏轉折，這點要怎麼做到，也是靠「缺點、挫折、低潮」。

故事一直平平的或是一直處在高點，這樣是無法產生起伏的。故事就要有高點也有低點，才會有落差，才會有起伏。

我們從缺點開始敘述故事，最後可能是如何改變自己的缺點。
我們從挫折開始敘述故事，最後可能是如何克服挫折、解決難題。
我們從低潮開始敘述故事，最後可能是如何走出低潮奮起。
故事開場的低點與最後的高點，故事就會有起伏。而由壞轉好的契機，也就是故事的轉折點。
當你懂得從「缺點、挫折、低潮」來說故事，就不容易變成一個平平淡淡、沒有高潮的故事了。

情緒&共鳴

故事最怕沒有情緒，當我們看完故事，可能會感動、會悲傷、會遺憾、會覺得幸福。有將情緒感染到讀者觀眾，這樣故事才容易被分享擴散。
要讓故事包含情緒有很多方法，不同情緒有不同的作法，但是在社群傳播上，我會建議光是做到讓故事裡有「缺點、挫折、低潮」，就已經讓故事內建豐富的情緒能量了。
當故事的主人翁，改變缺點、克服挫折、走出低潮，這種前低後高的改變，本身就可能讓讀者觀衆覺得勵志、感動、振奮，讓故事產生了啓發與意義，也爲讀者觀衆補充了一點心靈的正能量。

如果可以選擇，我們都希望可以爲世界多散播一點正能量，讓感動或勵志的故事可以被更多人看到、鼓舞幫助更多人。

在你說故事的時候，只要做到讓故事裡有「缺點、挫折、低潮」，由此來開展故事，這篇故事本身就先具備了很多無形的優勢。

重點三：從細節傳達

最後一個重點，沒有細節，故事就不容易出色。

你可以練習把想說的故事寫成文字稿，然後在裡面嘗試添加這三種內容：

名詞

這裡的名詞是指「具體事物的名字」，例如你寫他手上拿著一杯「飲料」，這杯飲料就請你可以具體寫出來是什麼飲料，像是星巴克的冰摩卡、寶特瓶的可口可樂、養身的中藥茶等。

當某人手中拿著上述三種不同飲料的時候，我們很容易就會覺得這是三種不同處境狀態的人。

喝星巴克的人，可能比較像是白領上班族；喝可口可樂的人，感覺比較像是年輕的學生；喝養身中藥茶的人，應該會是有點年紀的族群。

什麼樣的人，就會使用什麼樣的物品。反過來說，使用什麼樣的物品，也會暗示他是一個什麼樣的人。

當你在一些名詞做出更具體的敘述，除了可以幫助形成畫面想像，同時也能為人物做到暗示形象、身分、心態的作用。

動作

請你將文稿的「形容詞」嘗試替換成「動作」來表達相同的意思。

形容詞是一個模糊概略的敘述，例如有人說「他是個好人」或「他是個帥哥」，這個「好」跟「帥」在每個人心裡的感受都不一樣，程度也不一樣，所以對於到底多好多帥，我們也不容易留下深刻的印象。

我曾經在電視上看過藝人沈玉琳吹噓自己年輕時有多帥，他說，當年讀大學的時候是有名的小帥哥，走在校園裡，每個跟他擦肩而過的同學都會回頭多看他一眼。

這就是用動作取代形容詞的做法，雖然有一些誇大的成分，但比起只說自己帥，變成了動作，有了畫面想像，在我們心裡的印象就變深了。

這也是一個敘事小技巧，多講具體事件，有動作有畫面，對聽眾讀者來說，內容就變得生動鮮明了。

原話

在你懂得在故事內加上具體的事物名詞與用動作取代形容詞之後，最後還有一個提升故事臨場感的小技巧，就是在故事中轉述當時場景中的「原始對話」。

當然，這不是叫你加入一堆沒有意義的對話內容，我要你加入的對話，必須要是當時對你（或對故事當事人）有心理震撼，或是有衝突、有情感的對話。

像我就一直記得，在我當年要從公司離職，去追尋自己夢想的時候，我的直屬主管那時候跟我說了一句話：「你這一生註定窮途潦倒、一事無成。」

當時他會這樣說，可能是覺得他這麼用心培訓我，我卻要離職，所以忿忿不平；也有可能是他認爲我就跟當時的大學畢業生一樣，就是一群七年級的草莓族。

不管如何，這句話我一直都當成我人生的負向激勵，跟自己說一定要闖出成績，不要被人看不起，不要讓這句話成眞。

你可以比較看看，如果我在故事裡只概略地說「我的主管不覺得我會成功」，跟我直接搬出主管的眞實原話「窮途潦倒、一事無成」，哪一種會比較有衝突、有張力呢？

「原始對話」就好像讓讀者觀衆回到當時現場一樣，而不只是用概略的敘述，是一個非常好用的說故事技巧。

「名詞、動作、原話」這三個技巧都是有助於提升故事的臨場感、畫面感，這也是說故事吸引人的地方。讓我們就算不在現場，但聽到你的轉述也覺得身歷其境，模擬體驗了一番。

當你需要在社群上說故事的時候，無論是寫成文章、拍成影片、製作成圖像，我覺得這三大招都是非常實用招式：

1.從眞實的事件來取材，連結自己的經驗，增加眞實感與深度

2.從缺點低潮開始敘述，結尾收在好的情況，讓故事有啓發、有意義

3.最後強化故事裡的畫面感、臨場感，讓人留下印象

你可以回頭看看〈爲什麼需要個人品牌？〉這一篇，我提到了很多我的故事，其實我也同樣是使用這些技巧在說自己的故事。

我非常建議你在讀本書時，可以逆向解析我在哪邊使用了本文我提到的故事技巧，讓你對它們運用時機更有體悟。

這些內容也是我去演講時，會常常提到的內容，我就是這樣透過一個又一個的故事，讓聽衆可以認識我、對我有好感，進而去瞭解我的作品、逛我的網站、看我的影片，最終成爲我的認同者。

本篇講的技巧都不會太難，卻是我精選出來覺得對個人品牌經營者說故事（尤其是說自己的故事）非常實用的方法。

從前一篇文章教過的「受衆思維」再到本文教的三個說故事招式，我想你

肯定意猶未盡，畢竟「說故事」這三個字，其實包含了太多技術以及要考量的因素，這時候我只好再次厚著臉皮向你推薦《故事行銷》這本書。（詳細內容請掃描左方QR碼）

它是我在企業內訓的課程內容集結，可以手把手教你怎麼說好一個利於行銷的故事，如果你還想專門瞭解說故事的技術，我將這本好書誠摯推薦給你。

希望你也可以用自己故事打動人心，用故事讓更多人認識你，想要瞭解你、支持你。

下一篇接著我們就來談，跨界時必須擁有的槓桿思維。

《故事行銷》

用跨界放大曝光

我在〈分享：建立定位的推進器〉章節有提到，分享最大的好處就是「倍增時間」。

個人品牌經營者前期都是自己一人作戰，最大的問題就是一個人的時間有限，因此最重要的就是怎麼用「高效益換來最多的成果」。

前兩篇應該學會的技能，我只提了「寫作」與「故事」兩項，這兩項都是幫助你溝通表達、產出內容。

其他我不一一細談的技能就由這篇來總覽，這些技能的目的都是爲了幫你「用高效益換來最多的成果」。

個人品牌經營者是靠「內容」展示自己的定位、累積受衆粉絲，而能加速成長的關鍵就在於怎麼更有效的運用內容。

許多技能就像槓桿一樣，可以把你的內容跨界放大，這些就是我們應該優先具備的技能。

但也要說明，以下這些技能每一項都專業到可以寫一本書，因此我僅會聚焦在這項技能對於個人品牌經營者的意義是什麼？我是怎麼學習的？你可以挑選適合你的部分，再去瞭解更細節的操作面。

一、製作圖表的能力

學習的意義

把內容做成圖表後有三個作用：

第一、是看完文章後，圖表就像是一個重點回顧，喚醒他剛剛讀過的內容。

第二、是對於還沒看過文章的人，圖表就像一個「重點預告」，讓他好像知道你可能會談什麼，但對細節又不確定，反而會因爲圖表而想看內容。

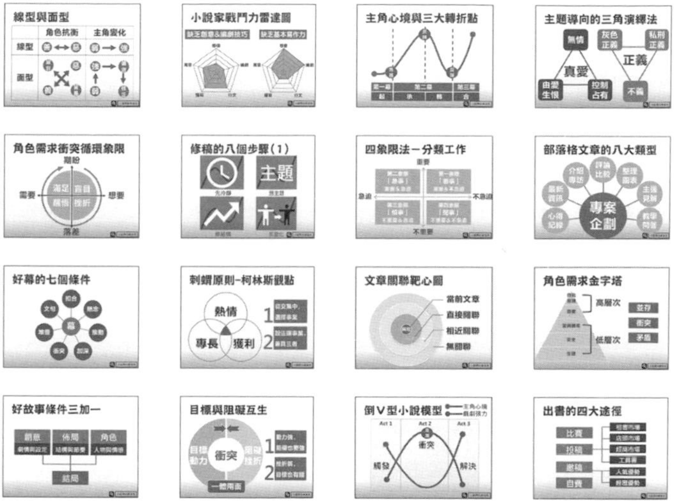

第三、圖表容易給人是重點濃縮的感覺，認為這是一份高價值的內容，因此也有人會專門分享我製作的圖片或表格整理，變成擴散的工具。

這個能力是要你練習把內容圖表化，長期下來你會「反向聚焦」，在產出內容時就養成習慣聚焦幾項重點，也是提升自己的重點表達能力。

我怎麼學習

我從最早在寫部落格文章時，總會習慣一篇文章配一張圖，使用PPT製作就可以了，這一張圖我會思考怎麼濃縮內容的重點。例如上圖是我製作過的圖表。

要把內容變圖表，你可以做這幾件事：

第一、思考內容裡面可否分列出小重點或是子標題。

第二、這些項目之前有沒有關聯性，先後順序、互相加乘、互相對立、共同隸屬什麼項目、底下可以開展什麼項目等，變成有組織的關聯。

第三、不管有無關聯，可以為每個小重點濃縮成一句話說明。

把一份上千字的內容縮成幾個重點各配上一行說明，其實就是一份基礎的資訊圖表。PPT裡面也有很多內建的圖表範例可以當作關聯性的參考。只要能幫讀者濃縮內容重點，節省閱讀時間，就已經是一份及格的圖表了。

二、製作簡報/懶人包/電子書的能力

學習的意義

如果把多張圖表串連成一份簡報、一份資訊懶人包、一則自製的電子書，就可以更完整、深入、有邏輯的表達內容。同樣，這也是用PPT就可以製作。

前一項技能是把一篇文章變成一張圖表，這項技能其實就是把一系列文章變

定位篇 | 技能篇 | 行銷篇 | 獲利篇 | 願景篇

聚焦：找出自己的關鍵字
形象建立：化工、殺魚
價值傳達：個人品牌
特定領域：小說界

頭銜：交集就能找到獨特性
身分+專長：寫推理的牙醫
經歷+專長：旅行的咖啡師
領域+專長：爆文寫作教練

寓意：將過去改變意義
前因+後果=寓意
改變形象：重點在「寓意」
改變人生：重點在「後果」

分享：建立定位的推進器
好處：微試用／熟悉感／倍增時間
目的：有價值／新觀點／形象加值
類型：體驗／評論／教學

成一份圖表。這個能力也是出書的前置作業，能有系統有架構地清楚解釋一件比較複雜的事。

之前我請你每篇文章就只明確解決一個問題，在這你可以統整多篇文章集結成一份說明資料，嘗試回答一些比較複雜廣泛的問題。

像是「如何經營個人品牌並獲利」這類廣泛而複雜的問題，就不可能只靠一張圖就說清楚，所以你可以看本書的目錄，我先拆分成了五大部分，在第一部分「定位篇」我的四篇文章就是四個大項目，每個項目裡面又可以再分成三五個小重點。

舉例來說，我們把「定位篇」製作成懶人包，會長上圖這樣。

這種技能就是把你已經有的大量內容，一方面濃縮重點，一方面邏輯性組織，變成高價值的病毒型內容，同時建立你的專家形象與具備擴散能力。

我怎麼學習

這項能力其實就是組織圖的延伸，像我在規畫本書的時候，也是先思考「要經營個人品牌並獲利，需要向下拆解做哪些事呢？」

所以才訂出了「定位」「技能」「行銷」「獲利」「願景」五大部分；在定位篇又拆解成了「關鍵字」「頭銜」「寓意」「分享」四個步驟。

我在寫〈分享：建立定位的推進器〉時，同樣向下拆解成三項：「分享的好處」「內容的目的」「可分享的類型」；在「可分享的類型」又粗分成了「體驗型」「評論型」「教學型」三大類。

怎麼拆分其實沒有一定的方式，可以用「人／事／時／地／物」思考；可以用「爲什麼／怎麼做／做什麼」思考；可以用「進度的前／中／後」思考；可以用「內部／外部」或「心法面／執行面」來思考。

沒有一個方式可以拆解全部情況，但是培養拆解要因的習慣思維，一定可以幫你越做越順手，洞察出複雜情況下的邏輯架構。

三、製作影像的能力

學習的意義

無論是從資訊吸收的方便性，或是社群平台或數位廣告的紅利優勢，影片都是現在個人品牌經營者不可缺少的一環。

如果你有製作影片的能力，你可以把內容轉製，放在臉書也好、YT也好，多一個自媒體平台，也多觸及到喜歡看影片的受眾。

雖然有些影片製作者會後製配音不露臉，但有露臉會比較容易累積觀眾對你的熟悉感，如果可以的話我都會建議你盡量露臉。

當你有製作影片的能力，大抵上你也有製作音頻的能力，因此Podcast又可以成爲你的多一種曝光管道。

但在製作影像中，「直播影片」卻是要另外拿出來討論的形式。

你可以發現，我在本篇一直強調的都是把「現有內容移用」，變成省下你再次構思組織內容與製作文字底稿的時間。

同時轉製的內容最好也擁有「作者無須重複製作」與「能被網友隨時觀看」的性質，這樣才算是倍增你的時間。

直播影片如果每開播一次，你就要在電腦前講一次，其實就不算是「無須重複製作」，沒有為自己省下時間；如果直播影片是講完後影片不留存，無法事後再看，這也沒做到「能被網友隨時觀看」。

有些直播影片是錄完之後可以再看回放，等於是作者只製作一次，之後網友可以重複看，似乎有滿足倍增時間的條件；但就我的觀察，直播的成品精緻度、內容密度都比不上預錄經過後製的影片，而且重看直播又少了能互動的誘因，導致會重看直播的觀眾並不多。

能只靠直播維繫觀眾的個人品牌經營者，通常是已經有很強的個人特質，群眾喜歡他這個人大過於需要這份內容，故對個人品牌經營者前期來說，我覺得直播不是一個好選擇。

我比較推薦就像是每篇文章解決一個問題一樣，每支影片就清楚講解一個問題，或是每支影片就是一個明確的主題。

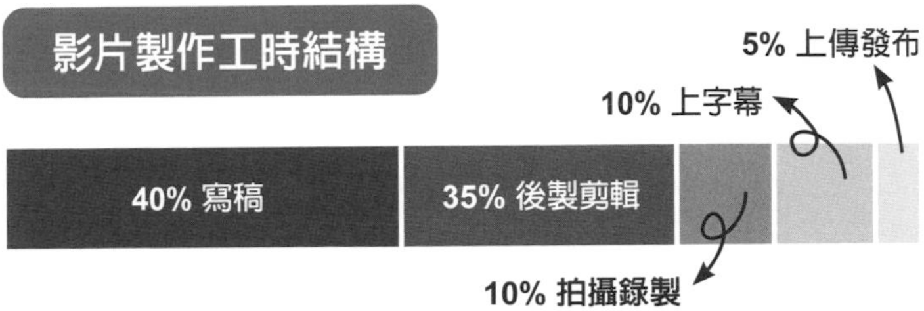

我怎麼學習

不像圖表、懶人包、電子書靠文書軟體就可以製作，製作影片的門檻大幅上升。我自己最早開始製作時，成品片長與製作總時間的比例是一比四十。也就是一段三分鐘的短片，我從寫講稿、拍攝、剪接後製、上字幕、上傳發布，總共要花兩個小時（120分鐘）。

後期比較上手快速大約是一比三十，其實主要的時間都花在寫稿，會占全部工時的40%以上，而且很難再優化加快。上面是我的工時結構。

設備方面最貴的是Canon 80D的單眼相機約四萬元，一組千元出頭的立燈兩盞，一條幾百元的領夾式麥克風，最後就是找一個適合拍攝的角落。後製我使用Mac系統的剪輯軟體Final Cut Pro X，軟體價格將近一萬元。

李洛克 故事日課 01
為什麼說好故事這麼難學？

「故事日課」

如果想看我的影片成果可以到ＹＴ搜索「故事日課」，或掃描上方ＱＲ碼連結。你會發現我的影片沒有太多的特效，也沒有鏡頭的轉場，每一支影片就是短短的分享一個故事的技巧。

我自己包含線上課程的單元，已經拍了超過兩百支影片，這些經驗讓我有三個眞心的建議要給你：

1.前期不用在意設備，常常會讓觀衆覺得影片品質不錯的要素，其實是充足光源、畫面構圖與聲音的品質。就算是用手機錄影，只要有充足的光源就可以爲畫質加分極多。

2.構圖可以參考ＹＴ上單人說話的影片都怎麼設計講者的位置，常常最難的問題，是有一個乾淨的背景。

3.音質只要拉近收音距離，善用領夾式麥克風就會有不錯的品質。

這三者都不需要花到太多的錢就能有一定的水準。

還記得我在〈用學習解決障礙〉有說過學到能解決問題就好，無論是拍攝技巧、打燈技巧、如何剪輯、如何上字幕，我都是自己根據難題搜索解答，沒有去上過正式課程。

所以如果你要我把燈光打得像拍藝術照或是拍電影一樣，我做不到。但是打得明亮均勻，像是訪談一樣，我就大致做得到；如果你要把影片剪接得像綜藝節目一樣很多動畫特效，我也做不到，但是剪得流暢自然，上一些基本的圖片與重點大字，我就大致做得到。

對我來說，我也只需要學到我目前會的，就可以解決我的困難，滿足我的需求，如果之後我有更多的需求了，我才會再去進修學習。

我想跟你強調的是，包含學費在內，前期不一定要花很多錢，在經營內容上你可以先出發再修正，有小小成果了再花錢慢慢投資設備、投資技能。而且你一定也會認同，你的內容才應該是影片不可取代的看點。

四、實體演講的能力

學習的意義

製作影像的能力，有一項就是你的口語表達能力，把這項口語表達能力從網路搬到現實世界，再加上簡報製作能力，就是你實體演講的能力。

演講這個行為本身是抵觸前面提到的「作者無須重複製作」與「能被網友隨時觀看」，每一場你都要人在現場親自說一遍，聽眾錯過了場次也沒有辦法再聽，其實是違反了「倍增時間」的原則。

但是實體演講的意義在於「面對面建立關係」。俗話說「見面三分情」，跟網友也是，有見面才容易有交情。

我自己的經驗是，以前網路上不停發布內容的時候，我的確能帶來網路流量、互動、按讚數，感覺在自媒體上非常熱鬧，但實際上銷售出的課程卻沒有想像中熱賣。

但是在我2017年之後累積了兩百場以上講座的經驗，實際面對面超過五千位聽眾之後，很明顯的，實際報名收費課程的學員變多了，就算是收費八千元的課程，也能夠在兩週內吸引超過五十人報名。

由此可知，面對面接觸的確是非常快建立熟悉感的方式，而且關係的品質會比線上接觸還要好。

雖然演講要重複講述、無法被重複觀看，但至少可以把內容移用，縮短備課時間，同時也是目前市場上最被接受的內容收費方式之一。如果有計畫做收費課程的個人品牌經營者，這是絕對不可缺乏的能力。

我怎麼學習

在前面說過，其實我是一個很容易緊張的人。人生的第一場講座分享才短短一個半小時，我就在家對著鏡子練了30幾個小時，練到上百張投影片每一張都能默背下來，我才能神色自若地上台說話。

很多演講教學都會告訴你：要記流程不要背稿、要適時轉換講課形式（放影片、帶活動、問答互動、實作）、要使用聽眾熟悉素材舉例、要設計目標或是分組競爭讓學員有參與感等，細節可能多達幾十項，但我自己覺得最有效的進步方式其實只有兩個：

第一，實際去聽人講課。

以上這些理論你都可以在實體上課中得到印證。無論是你覺得有趣的段落、你覺得枯燥的段落，這些都是正面或負面的教材，都可以從中學習或警惕。自己體驗過，感受一定最深。

第二，創造可以講課機會。

講課很像團體運動比賽，要有人配合練習才會進步，實際操作一遍你學到的講課技巧，一定收穫最多。

如果有短講的機會，就算前期沒有什麼金錢回報，我覺得也值得累積自己的講課經驗，搞不好課堂上又得到了好幾位支持者。

最後，新手上台前，最好能實際模擬講一遍，這方法很浪費時間卻眞的很有效。你講過一遍的流暢度明顯會好過沒講過，你講過三遍的流暢度明顯會好過只講過一遍。如果可以，請實際模擬講一遍試試。

五、投放數位廣告的能力

學習的意義

我們要學習的是可以把成果翻倍的技能，而投放數位廣告就可以短時間讓你的內容被數萬人看到，因此數位廣告可以當作是好內容的放大器。

越好的內容反而越需要使用廣告錦上添花，讓更多人知道你的好，多數人不敢投放其實是因為「投放成效不佳」或是「沒有帶來營收」。這也是我想先給你的觀念，**建議能有盈利的內容再去投放廣告**。

做任何事都一樣，越做越賠的事一定做不長久。

如果你投放廣告只是為了為自己多加一點名氣、讓更多人知道你、看到你的內容，完全沒有後續如何帶來營收的計畫，那我都會建議你先不要花錢投放，請先使用不花錢的行銷方式。

在第三個部分〈行銷篇〉會講更完整的行銷方式，在第四個部分〈獲利篇〉也會分享規畫個人品牌獲利的流程，在此就先不重複提及囉。

我怎麼學習

對數位廣告完全陌生的朋友，我都會建議你先從「臉書廣告」開始接觸，臉書廣告是最適合新手小額投放的管道。

而且臉書廣告的免費教學資源非常豐富而且完整，介面也設計得很直覺方便操作，同時過程中會有大量的操作小提示、成效小提示，每個名詞解釋幾乎都有小辭典，讓你知道每個指標的含義。

臉書廣告的普及性，也讓你遇到問題時，只要上網爬文或是到臉書相關社團發問，都很容易得到解答。

我常常戲稱臉書廣告是素人廣告首選，它就是要做得這麼清楚方便，才能誘使每個人都上去花一點廣告費。

就算我當年是一個數位廣告的菜鳥，我也是透過自己爬文找資料加上試著實際後台操作看看，就能學會如何投放臉書廣告。

之後再根據需求循序漸進學習線上課程、付費課程，學習Google關鍵字廣告、多媒體廣告等，但要建立數位廣告的觀念，我還是首推使用臉書廣告做爲新手的第一站。

以上五點講完，只是幫你起了一個頭，讓你知道還有什麼技能是必須學起來的，就如同我在〈用學習解決障礙〉說的，也許你以後會把這些部分都外包給別人製作，但最好還是讓自己懂一點，方便溝通與鑑別品質成效。

跨界時的槓桿思維，目的是要幫助你把已有的內容跨界轉製、放大成效，讓自己就算是一人單兵作戰，也可以產出最多類型的內容，在不同領域曝光。

未來有新的平台、新的內容形式、新的數位工具出現，你在評估需不需要經營、學習、使用的時候，也一樣是按照我提過的「跨界槓桿思維」，能用最低成本幫你倍增時間、放大曝光的，才是高效益的投資。

這一篇文章在講盡力放大，下一篇〈用決策精準導航〉，我們就要學習比放大更需要智慧的「減法思維」。

用決策精準導航

在經營個人品牌的前期，總是會想著不停多做一點、多嘗試一點，特別是在你已經有小名氣、有一群讀者、有其他ＫＯＬ認識你、有資源可以運用之後，你會忍不住一直去挑戰自己還能再多跟誰合作？再跨界到哪裡去？

我必須說這是很正常、也應該做的事，只要不要花費你太多的時間、金錢或機會成本，我會多鼓勵你跨界嘗試看看。

當在你手邊可能有很多可以合作的案件、變現的方式，而且這些事情漸漸占滿你的時間。你需要白天趕場、晚上熬夜的時候，你就需要重新爲自己的未來方向做規畫修正，刪減一些事務，重新收斂路徑。

但是要怎麼判斷哪些該繼續做？哪些該慢慢中止呢？我會建議你由「延續性」與「收入」畫出四個象限。

要決定哪些工作有延續性，你必須思考你工作的終極目標是什麼？階段目標是什麼？請記得，你的目標應該具體明確越好。

如果我決定的工作終點是「可以有完全不工作的權利，或是一週只工作兩天，卻能創造三百萬以上的年收入」，我就可以由此思考當前的工作及其之後的發展，是不是有助於讓我達成目標？能延續我們目標的工作項目當然是最優先。

延續性是通往我們的遠景，在到達遠景之前，還是必須很務實地賺到足夠生活或理想規畫的收入，因此除了延續性之外，收入高低也會是一樣決策指標。我以自己來舉例：

高延續性且高收入：優先做

最理想的狀況，是這項事務能幫你達成終極目標、同時又能賺取當下夠多的收入，對我來說就是「知識電商」這項業務。

我製作的知識產品，以現在的讀者基礎就能帶來不錯的銷量，所以每年推出產品就能讓每年都有一筆穩定的收入。

假定我持續經營，保守估計十年後我累積了一千位固定會買我知識產品的學員，每位學員每年的銷售額爲兩千元，這樣年營收就會有兩百萬元。

如果十年間我累積了超過十項知識產品，舊品只要定期翻新更新，每年也有機會賣出，持續帶來收入。

所以知識電商對我來說，就是每年執行都有不錯收入，之後長尾還會慢慢帶來銷售的業務。

隨著學員數、資歷的增加，每年產品的銷量也會逐年提高，這就是屬於高延續性且高收入的工作，値得優先來做。

高延續性但低收入：慢慢做

我還是希望可以持續出書，無論是出版工具書、小說、散文，甚至是寫劇本，但創作類的工作要花的時間通常比較久，立即性的收入對比前一項「知識電商」卻少了許多。

維持出書頻率的好處是，除了可以將內容移用之外，也有助於「知識電商」的曝光，符合我的終極目標，仍是屬於高延續性的工作，只是相對收入比較少，較難變成我的主收入來源。

不過寫作對我來說是一項就算天天做也不嫌累的事，甚至可以說，我不會覺得寫作是一項工作，它是我一輩子都想一直做的事。

所以這種高延續性但低收入的工作，就被我規畫成慢慢來做的事情，不用急著短期花大量時間心力，可能保持一年一本的頻率就夠了。

低延續性但高收入：低量做

不知道你有沒有印象，可能有些人知道，我在2017年到2019之間開設過「語文教學桌遊講座」。

會接觸到桌遊也是因爲榮哲老師。老師的興趣是桌遊，還開設過桌遊設計工作坊，我因爲崇拜榮哲老師，於是好奇參加了課程，結果還意外得了分組的最佳設計桌遊，有了一些桌遊設計的基本概念。

接著因爲編輯工作需要常常分組帶活動，於是就把說故事的技巧融入進桌遊裡，變成一套語文教學的桌遊。

而後，有一位老師接觸到這套桌遊，覺得很適合分享給老師們在教學上操作，於是我便嘗試開了「語文教學桌遊講座」，沒想到口碑與成果都超級好，每次開班都會秒殺爆滿，我還曾經一個月連開四班，依舊是座無虛席。

但在2018、2019年班次卻逐年減少，到了2020年，我其實已經沒有開班的打算。

並不是因爲招不到人了，課程直到今天都有好多老師詢問我什麼時候會再開班，但讓我減少班次的原因很單純，就是經過我思考後，明白了這是一項高收入、但對我不具有延續性的工作。

如果我的終極目標是一週只工作兩天，那實體講課就不應該被我培植爲主力收入來源，因爲講課是一項我必須重複花時間的工作。

且設計桌遊也不是我最大的興趣，我對寫作的興趣遠大於桌遊設計與教學，因此它與我的終極目標不相符，現在就算拚命做，也延伸不到我想去的未來。

同理可知，實體講課也是我從2018年逐年減少的事務，但我也必須正視講課收入依然是一項高效益的收入。

因此對我來說，我會去計算需要多少年收入，其中有多少比例由講課收入，維持一個最低量的投入，把時間盡量花在有延續性的工作。這類低延續性但高收入的項目，就以最低需求量來執行。

低延續性且低收入：以後做

如果有一份工作與未來願景不銜接，同時收入又少，可能根本沒錢，那幹嘛還要做呢？

通常還願意做，可能就是有一點興趣吧！

以我來說，我其實一直都希望可以學一下樂理、樂器、作詞作曲。當然，我的目的不是爲了當創作歌手或是專業詞曲創作人，我其實就是覺得有一首自己寫的歌，或是把想講的話寫成歌這樣很有趣、很好玩罷了。

所以這類工作我賺不到錢，未來我也沒有打算主力從事，就會變成無限推遲的事，以後有時間再慢慢來做，可能要等到我的終極目標達成後，它才會變成下一個追逐的小目標。

以上這四個象限，是我在手上事情忙不過來的時候就會重新檢視的。我以我的實際情況來舉例，你也可以用你的領域、你的業務來做分類。也許現在的你才剛起步，或者還沒有這麼多的業務量，但我相信之後你一定會發現區分這四個象限的重要性。

要從理性上分出這四個象限其實不太難，做規畫永遠是最簡單的。眞正難的是，要你眞的把「低延續性但高收入」的事少做一點，也就是要你克制不要賺眼前好賺的錢，這時候就超級難抗拒誘惑；要你直接把「低延續性」的工作都放棄不做，這又更加困難。

當你覺得很難割捨的時候，請一定要時時提醒自己，你的終極目標是什麼？你是爲了什麼樣的生活而努力？你想要未來的自己是什麼情況？這樣你才能忍受放棄時不捨的感覺。

在學會跨界用槓桿放大之後，懂得用「減法思維」來集中火力，你才能用最短的路徑，全心全意朝你要的未來前進。

〈技能篇〉我們就分享到這裡。從學習的心態、到寫作與故事的技能、再到槓桿與減法的思維，這些都是我認爲經營個人品牌非常重要的事，希望也讓你有所收穫與啓發。

下一部份〈行銷篇〉我們要開始進入全書的重頭戲，要教會你如何行銷自己，讓更多的人認識你是誰。

PART 3
行銷篇

漏斗打造流量池

終於進入行銷這個環節，行銷領域是一大片汪洋，我只能選擇對個人品牌經營最關鍵的部分與你分享，也會把許多行銷知識轉化成適合個人品牌經營的形式來說明。

一定要先向你介紹一個非常重要且基本的行銷觀念，叫做「行銷漏斗」。每一個不認識你的人都是這樣變化，從對你陌生到認識你，從認識你再到喜歡你。這個流程與三群人的數量就像一個漏斗，每個階段都幫你層層過濾出更熟悉你、更喜歡你的觀衆。

我們可以先把廣大的民衆分爲三群：

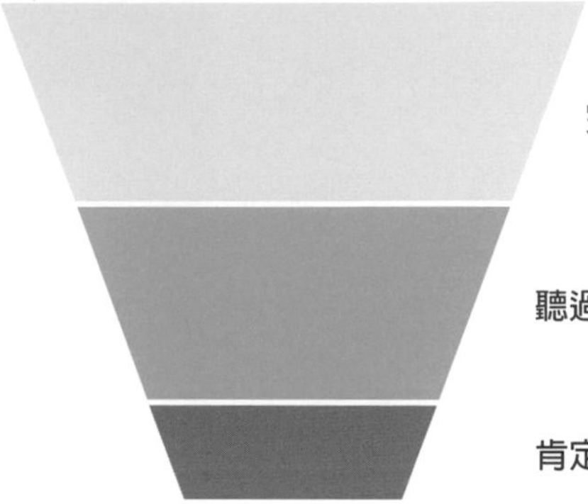

最多人的漏斗頂端：完全不認識你的陌生人

上圖中的三群人在正常情況下，哪一群人會最多呢？當然是完全不認識你的人吧！

即便我已經出過兩本暢銷書，也在網路上經營了很多年，但如果是對寫作或故事沒有興趣的人，多數還是不認識我的。

每個人的興趣面向都不同，我們不可能對每個領域都瞭若指掌。除非你因爲某些事件被電視、新聞、網路強力曝光變成了公衆人物，不然跨出自己經營的領域，多數人不認識你也是正常的。

在漏斗的頂端，永遠有一大片不認識你的群衆等著你去曝光，增加你的知名度。

人數居中的漏斗中段：聽過你、認識你、熟悉你的人

當一個網友從不認識你，到有天知道你了，他就進入了漏斗的中段。認識你的人之中也有等級之差，最不熟的等級，他可能只是聽過你。如果你突然請他說出一個有在教故事的老師，他可能會想個半天還是想不起來。不過當你說出「李洛克」這個名字，他可能就會大喊：「對對對，我有聽過！」

像這種有聽過的等級，雖然不能算不認識你，但其實對你的印象也薄弱到很難回想起來。

比「聽過你」好一點，就是他可以想起你是誰、說出你大概在做什麼？這樣才算是真的「認識你」。

而可以清楚且正確講出你的姓名與專業的，就是「熟悉你」。

以上這三種都統歸在認識你的人，不過熟悉程度還是有差別的。

在漏斗的中段，這群人極有可能變成未來支持你的人，你需要逐漸讓他們更熟悉你。

ϟ人數最少的漏斗底部：肯定你、喜歡你、支持你的人

即便我非常了解你了，但也不等於我會喜歡你。如果有網友是肯定你、認同你，那他就進入了漏斗的底部。

喜歡也有等級之分，剛開始可能只是大致上覺得你還不錯，不過不會做出任何的表示；接著可能更進一步，他敢明確承認他喜歡你（或作品）。最後則是他願意付出行動或金錢來支持你，甚至總是無條件全面支持你，這樣的人就是我們俗稱的「鐵粉」了。

鐵粉除了能付出行動或金錢幫你活下去，還會幫你宣傳、做口碑，帶領更多陌生人認識你，讓更多人也一起進入漏斗的旅程，變成一個持續有活水的漏斗，源源不絕導入新的流量。

這三種統歸在喜歡你的人，支持程度也是大有差別的。

在漏斗底部的這群人數量最少，卻能給你最多的幫助，你應該真心對待他們，別讓他們對你的喜愛冷卻，並慢慢增加總數量。

行銷漏斗也就是從陌生人到鐵粉的變化過程，我只粗分了三層「陌生、認

識、喜歡」，其實如果要再區分，也可以分成「陌生人、聽過你、認識你、熟悉你、肯定你、喜歡你、支持你」。

行銷漏斗每層的樣貌非常多變，也可能會在不同的目的下（例如銷售商品、搜集訪客資料、曝光內容）區分成不同的層級，而我在此，還想跟你分享三個重點觀念：

流失是必然，不會人人都喜歡你

我用一個情境來舉例，如果你寫了一篇部落格文章，然後把連結放在臉書變成一篇貼文，接著你成功讓一萬個人看到這篇貼文了。這個流程依然會呈現漏斗的情況。

一萬個人看到這篇臉書貼文，不會人人都有興趣想點擊，可能一萬個人中只有一千人有興趣想點去看詳細文章。

這一千個有興趣的人點擊看完了文章，也不會人人都認同你寫的，可能一千個人中只有一百人覺得你寫得很不錯。

這一百個對文章認同的人，也不等於會喜歡你這個人，可能一百個人中只有十個人因此而喜歡你。

最終結果來看，你讓一萬個人看到了貼文，最後讓十個人對你這個人產生了好感。中間層層流失掉了「對此不感興趣的人」「對內容不覺得認同的人」「對你沒有產生好感的人」，而這是很正常的現象。

就像在現實生活中，你也不可能對每一個領域都感興趣、認同每一個內容、喜歡每一個你認識的人，每個人都有自己的特質，會吸引頻率相近的人。反過來說，也會有人就是跟你不對盤，對你的行爲處處有意見。

因此當你明白每一層造成流失是常態，你就能坦然接受不被所有人喜歡這件事，甚至能用平常心看待「黑粉」（不喜歡你的人）的存在。

知道在對哪個階段的觀眾溝通

我們先將一大群網民區分成三大層之後，你也要將你製作的內容做出區分。你必須知道哪些內容是爲了陌生觀眾製作的？哪些內容是爲了熟悉你的人製作的？哪些內容是爲了已經熱愛信任你的人製作的？更進一步，你也許可以用不同的管道與平台來做區分，可能你專門使用臉書去觸及完全不認識你的人，用部落格讓認識你的人更熟悉你，用Line讓鐵粉與你保持聯繫。

不要把所有網路用戶都混在一起，使用同樣的內容溝通，而是以他們對你的熟悉與信任程度，分出不同層級、製作不同內容溝通，嘗試把頂端的人帶到中段，把中段的人帶到底部，這樣分階段精準製作內容，才會提升死忠粉絲增加的速度。

放大頂端觸及，底部人數也會增加

在前面的例子裡，一萬個人看到了貼文，最後只有十個人對你這個人產生了好感，這樣算下來產生好感的機率是千分之一，感覺效率好像有點差。

如果你想要提升效率，就只有兩條路可以選：

第一、提升每層的效率

如果讓一萬個看到臉書貼文的人，從一千人點擊提升到兩千人點擊，這樣整體效率也變成了兩倍，所以你可以靠「把標題寫得更吸引人」達成點擊率的提升；如果一千個看完了文章的人，從一千人認同提升到兩千人，這樣整體效率也是變成了兩倍，所以你可倚靠「把內容寫得好」來提升滿意程度。提升內容與細節的品質，就可以提升每層的效率。

品質的優化當然是一定要做的，但問題是品質再怎麼優化，最終還是變成「優化成本越來越高，但成效的提升越來越小」。

況且內容（或說風格）的好壞其實很主觀，每個人都有自己的特質，如果你實在不想再為了提升成效一再改變你自己，這時候就要走第二條路。

第二、放大頂端的觸及量

如果一萬個人看到你的貼文，最後可以讓十個人喜歡你，比例是千分之一。那你只要讓十萬個人看到你的貼文，最後就可以讓一百個人喜歡你；甚至是讓一百萬人看到你的貼文，最後就可以讓一千個人喜歡你。

放大漏斗頂端觸及數，就可以等比放大進入漏斗底部的數量。

在你不打算過度修改自己的內容或風格時，放大觸及數是一個很直接的方式。你只需要考慮「你要如何接觸到更多的人？」以及「你需要多少人喜歡你才撐得起能維生的營收？」

營收的問題我們後面的〈獲利篇〉與〈願景篇〉部分會再詳談，接下來的〈社群網站〉跟〈內容網站〉兩篇，就是教你怎麼放大頂端觸及，讓更多人進入到漏斗之中。

社群平台導人流

商家或個人品牌都需要曝光，只要曝光就容易有印象，有印象就容易有熟悉感，有熟悉感就容易有信任度，有信任度就會有成交或合作的機會。

當網路興起之後，線上曝光也成爲一大主要曝光管道，什麼平台用戶多，商家就會在上面經營曝光。只是場域從部落格移到臉書，臉書移到IG，IG又移到YT，目的都還是爲了創造更多的曝光。

如果是有人力、有資源的商家，多數會選擇多平台經營，力求讓更多人看到。但若你是資源與時間有限的個人品牌經營者，該怎麼運用社群平台呢？

把單一平台當作主力

我們常聽到的ＩＧ網紅／網美、YouTuber（以下簡稱YTer）、粉絲團團主、臉書意見領袖、直播主等，就是把單一社群平台當作經營主力。他們可能也有其他平台，但會以最適合他們內容形式的平台爲主。

好處是一個人的經營時間有限，粉絲的注意力也有限，將主力放在單一平台，在經營前期是一項比較集中資源、注意力的方式。

壞處是容易被單一社群平台的演算法控制，內容必須迎合平台的規則與用戶習性，如果面臨平台整體衰退時，也必須趕緊另謀出路。

把多種平台當作導流

無論主力經營哪個平台，多數的經營者都會把內容盡可能移用在其他平台，用最少的資源增加額外的觸及曝光。這也避免了被單一平台限制的風險，爲自己多留一條後路。

好處是避免被平台演算法掐住脖子，我自己的做法也是建立一個專屬網站，再將多平台的流量導流進專屬網站，培養出跨越平台追隨的死忠粉絲。

壞處是導出流量是所有社群平台都反對的行為，容易被演算法限制觸及數，同時也要對抗平台上用戶的習性，**讓他們有動機願意離開慣用的平台**，流量較難爆發性成長，需要時間慢慢培養。

在社群平台經營終究是別人的地盤，要遵守別人定下的規則，聽話的人就會被更多用戶看見，這個規則就是演算法，它會決定什麼樣的內容能被推廣出去，是每個行銷人都想研究出的秘密。這些規則幾乎每個月都會微調改變，很難有可以永久依循的必勝做法。

例如：影片的最佳長度區間？貼文字數的上限？貼文連結的數量與形式？貼文或影片有那些風險詞彙？發文頻率的最佳甜蜜點？

社群平台演算法的核心

我都會建議經營者，與其花時間研究一些小技巧小漏洞，不如思考這些社群平台建構演算法的核心目的，它們究竟是想打造怎麼樣的一個平台生態？

這些價值幾乎大方向都不會改變，所有社群平台都是希望創造人們的眞實且熱烈的互動，無論你想經營哪個社群平台，未來演算法怎麼改變調整。你都只需要緊抓著這個核心，問問你自己，你的內容是否能創造人們的眞實且熱烈的互動？

也就是讓人會想觀看、觀看後會想表示情緒（臉書上的心情、ＩＧ上的愛心、ＹＴ上的讚）、觀看後會想留言討論、以及把內容分享出去或追蹤你。

如果你的內容都朝這方向製作，無論未來演算法怎麼調整，你都是能平安渡過的那一個。

我們在上一篇〈漏斗打造流量池〉有提過，也可以使用多管道來區分漏斗的階段，即便你只想經營單一社群平台，但同樣要記得，你的內容也要區分出這是給漏斗哪一層群眾觀看的。我們就先以三大層來討論：

漏斗頂端：陌生人也想看的內容

什麼是連不認識你的陌生人都想看的內容？這會偏向有時間話題性、有娛樂性，或者對他有幫助的內容，你可以產出這三類：

時事類

跟著時事或熱門話題的介紹或評論。

這是我們前面就提過的內容類型，這類內容的時間性與議題熱度會是關鍵，你必須一直關注熱門的事情，然後用最快的時間製作有一定品質的內容，盡量提出有別於他人的觀點見解。

時事類內容好處是永遠不缺題材，壞處是要不停關注搶快。

奇觀類

製作前所未見的內容，或者從新穎的角度呈現。

例如曾經有一段時期，一大批的YTer都搶著拍自己玩夾娃娃機花多少錢、夾到多少東西，但這時候有一組YTer同樣搭著熱潮，卻是用新角度切入。

他們用工地抓斗車的大型機械油壓爪，抓起整台夾娃娃機，最後把整台夾娃娃機夾爛。這就是沒有人做過的與看過的事。

奇觀類內容好處是只要眞的前所未見，就能輕易吸引觀衆注意力，壞處是畢竟要做別人沒做過的事（或說做不到的事），容易變成軍備競賽，無止境的比大比多比猛比誇張，需要更多的時間與資源。

廣用知識類

製作多數人都會需要、都想知道的小知識、小教學。

舉例來說，如果你是一名攝影師，你就可以製作「手機拍出網美照5大訣竅，男友從此不再被女友嫌棄」，做成圖文、影片都可以。

因爲人人都有手機，隨時都可能有拍人的需求，這就是廣用的知識好處。無論網友認識不認識你，只要他有需求，他就有觀看內容的興趣；壞處是你當然要先有某一方面的專長或經驗，你才有能力製作這類的內容。

社群平台的優勢就是，可能靠著某次成功的內容就造成大量分享曝光，所以這類「陌生人也想看」的內容，就應該是你的製作主力。

漏斗中段：維繫已知者的內容

在社群平台上，你曾經看過的內容，演算法會把具有關聯性的其他內容也推到你面前。這可能是同一個粉專的新貼文，同一個網紅的照片，也可能是同一系列主題的影片。

陌生人看過你的內容後，有很高的機率會再看到你的相關內容或是新內容，這時候他們已經變成了「已知者」，上一次讓他們喜歡的內容類型，很有可能下一次他們也會喜歡。

因此在社群平台上，能讓已知者持續想看、願意追蹤訂閱的內容，最好就是你在漏斗頂端製作的內容，這樣成功的形式就持續複製到成效疲乏爲止。

不過既然他們身爲「已知者」，對你多了一些熟悉度，也多了一些容忍度，所以我也會建議你可以偶爾推出一些實驗性內容，測試一下各種類型觀衆的接受範圍。例如：

進階知識類

相對於廣用知識，是領域中比較進階或專業群眾才需要的知識與教學。同樣用攝影師來舉例，你如果製作一篇「單眼相機三種不同焦段鏡頭的成果差異」，會對此內容感興趣的人，多數是有單眼相機、甚至是微進階有打算購買多個鏡頭的玩家。

這類內容好處是可以適時展現自己的專業度；壞處是會有一定的理解與興趣門檻，傳播力就會下降。

私人類

呈現私人生活雜事、個人心情感觸的內容。

如果周杰倫發布了他今天吃什麼、穿什麼、去哪玩，或是開個直播跟網友瞎聊，一定還是會有大量他的粉絲超級想看；但如果換成一個你不認識的素人做同樣的事，大概只有他的幾個朋友會看個一下下而已。

這種私人生活的內容，好處是可以增加觀眾對你的熟悉感、親密度，拉近跟你的距離，覺得你更像一個真人；壞處是只有對你有一定好感度的觀眾會有興趣看，多數人是沒有興趣的，當然也不會被傳播。

這類做給已知者的內容，會對完全不認識你的人造成興趣門檻，基本上建議偶爾做一次就好。

如果你不知道怎麼抓數量比例，我個人做法是每五篇內容中有一篇是「已知者內容」就好，其餘四篇還是以「陌生人內容」爲主。

如果這類「已知者內容」也願意看的觀衆，幾乎就是你的粉絲了，你也可以嘗試製作這類的內容，看看自己的鐵粉比例與數量大概有多少，檢視一下自己的經營成果，因爲擁有多少鐵粉才眞正代表你的個人品牌實力。

漏斗底部：針對認同者的內容

經過「已知者內容」的測試，願意看的觀衆幾乎可以稱爲粉絲，或稱爲「認同者」，我們就可以針對認同者嘗試要求他們做出一些回饋了。

轉換類

針對已經認同你的粉絲，你如果有什麼需要他們幫助的地方，像是取得聯絡方式、問卷調查、參加活動、購買產品或服務、分享宣傳、留言互動等，他們應該都是最願意行動的人。

以上通稱爲「轉換」，讓他們達成某一個特定行爲，從只是看的網友轉換爲「資料提供者」「活動參與者」「付費購買者」等對你更有價值的身分。

千萬不要不好意思推出轉換內容，白話一點講就是不要不好意思賣東西跟打廣告。

只要你自認品質夠好、有切合他們的需求，你的產品可能已經讓你的粉絲等很久了。你不推出這類產品，你的粉絲就只能去買別人的產品，品質可能還沒有你的好。

正確的心態應該要是打造一個合理、可被接受的產品或服務，幫助你的認同者解決難題，也幫助你可以經營得更好。

轉換類內容的好處，是可以幫你得到有商業價值的成果，例如名單、曝光與收入，可以眞的幫助你活下去，而不是無法帶來收入的流量人氣；壞處是不要過量，避免造成粉絲壓力與反感。

如果你不知道怎麼抓數量比例，我個人建議是每十篇內容中有一篇是「轉換類內容」就好，其餘九篇還是以「提供價值的內容」爲主，也就是前面提過的類型。

讓給予多過於索討，你才能一直帶來新的觀衆，逐步轉化爲粉絲，最後獲得他們心甘情願的貢獻。

社群平台的經營指標

當你踏上了持續發布內容的社群經營之路，你該如何衡量自己的成績呢？不管什麼社群平台，一定都會有一個數値指標可以呈現觀衆對這則內容的好感度，在臉書上可能是心情讚數、留言數、分享數，在ＩＧ上就是讚數，在ＹＴ上就是觀看次數。

可以取最近五篇內容的平均值，對比再之前五篇的平均值有沒有成長。每個人的類型不同，基本上只要有保持成長、沒有退步，我覺得都是可以接受的狀態。

在社群平台上有太多不可控的因素，例如臉書的貼文觸及數／觸及率，就算是按讚追蹤你的網友，也無法看到你的每一則貼文，能被看到的比例是被社群平台控制的。

因此我會建議你專注在「互動比例」，一個貼文或一段影片被一千人看到了，有多少人願意留言或分享呢？

確實被人看到之後的互動比例，才能真正代表你的內容品質。至於平台控制讓多少人看到，很多時候就不是我們能控制的了。

這也是經營社群平台最大的問題，不斷增加數量的內容經營者，持續瓜分有限用戶的有限時間。

所以每則內容的平均觸及率都在逐年不停下降，以臉書來說，就從100％一路降到3－5％。

這是每個社群平台成長後的宿命，湧入了大量想要搶曝光的經營者，搶奪數量有限的曝光，最後只能比誰的內容更誇張、更聳動、更罕見，並且必須日以繼夜地產出。

即便如此，社群平台還是一個巨大的流量水庫，再苦再累還是要經營，只是對於個人經營者來說，更需要規畫出能跨平台移用的內容，讓內容可以一魚多吃。

雖然我建議針對不同層群眾製作不同內容，但在社群平台上三層群眾都是混雜在一起，你很難明確對哪一層傳播哪一則內容，所以我只能建議你從內容頻率做控管與測試，將頂端內容多做一點，中段內容少一點，底部內容偶爾爲之。

因此有些經營者會再分出一個群體，例如粉專有不少人追蹤後，又開一個臉書社團經營；或是YT有不少人訂閱後，又開啓YT的會員可供加入。這些都是在同一平台上分層，提供與頂端內容不同任務的中底層內容。

這時候如果你可以再有一個內容網站，把社群平台流量導入你永遠的家，會是一個讓成效加乘的組合。

下一個章節，就讓我們就要聊聊怎麼善用一個內容網站。

內容網站建城池

許多問我該怎麼開始經營個人品牌的學員，我都會建議先建立「粉絲專頁」以及「個人網站」。

在我的故事裡也反覆提到，我的個人網站直接改變了我的一生，我相信未來我也將一生受益。

但比起個人網站，在社群平台上建立一個自己的小駐地實在簡單方便多了，也容易導入初期的流量，感受到與讀者的互動，所以也是多數人的選擇。

而內容網站是一個網路孤島，前期沒有人知道，也沒有人造訪，這個荒島又需要你花許多心力布置介面、累積內容，最後才能有模有樣，因此多數人都不願意花時間建構一個內容網站。

但我都會問學員一個問題：「你經營個人品牌有打算做三年以上嗎？」如果有，那建立一個內容網站絕對是穩賺不賠的事。以我自己來說，幾乎建立不到一年就可以感受到好處回饋了。

只要你是有一些專長，可以解決某群人的問題，你就應該建立一個內容網站。它有三大好處：

第一、當作品牌專賣店，增加信任度

做個類比的話，那些社群平台的小駐地就是百貨裡的「櫃位」，一個百貨裡可能有上百個櫃位，這個人人都可以進駐的櫃位容易有人流，但也容易被忽略、被更大的品牌搶走目光。

而官方網站就是「專賣店」，甚至可能被裝潢成「旗艦店」，當你有一個專賣店成爲你的作品集、成就清單、個人故事介紹與專業知識分享，它可以強化你的專業度，或者讓人看見你的認眞度。

第二、聚集跨平台的已知者，進階成認同者

在社群平台的競爭者多，用戶注意力容易分散。願意從社群平台移駕到你家網站東逛逛西逛逛的人，一定是對你（或你經營的領域）更有興趣的人。

在社群平台上很難控制網友看完一則內容後會做什麼，可能平台跳了一個提醒通知，告訴他某某某正在直播、某某某發布了新內容、某某某對你的貼文按了讚、留了言，他就會轉去看其他人的內容。

但在你家網站，他就只能看到你設計好的內容推薦，不容易被干擾帶離，讓他可以看完一篇又一篇，快速累積對你的熟悉度與信任度，將從各個平台帶入的已知者，用內容催化成認同者。

第三、帶入自然搜索的被動流量

在社群平台上的內容總是要追熱門、追新鮮，而且每發一次內容才能帶來一波新的曝光，比較少是舊內容有一天又突然翻紅。

內容發出去後的幾個小時到幾天內，如果沒有引起夠多的回應，那這則內容很有可能就不會再增加太多新的曝光。

建立內容網站的好處則是，製作一則內容就嘗試解決一個問題，如果網友在搜索引擎輸入他想知道的關鍵字，剛好就是你的內容對應能夠解答的，那內容標題就有可能呈現在他的面前，被他點擊觀看。

等於是你發布了某個領域大量的內容後，就有可能不分日夜被人搜索到，你也不用去追時事、廣告曝光，人流會自動來到你家，**這就被稱爲「被動流量」**。

而越多人看你的網站解決了問題，你的網站就會被搜索引擎判斷是一個好網站，讓你的其他篇內容也容易被在搜索結果中排在比較前面的位置，因此又爲你帶來更多的被動流量，像滾雪球一樣把流量越滾越大。

這就是內容網站的最強武器，**靠優質內容清楚的解答，打造一個一勞永逸、長期穩定的被動流量**。

只是，同個問題可能有幾十個網頁都提供了解答，搜索引擎如何判斷誰該排前面、誰該排後面呢？這個規則就是搜索引擎的演算法，同樣是有無數ＳＥＯ（Search Engine Optimization，搜索引擎優化）專家在研究破解。

例如關鍵字要放標題的開頭、關鍵字要在文章首段就出現、文章內要有站內連結或站外連結、文章不到低於某個字數、文章內要嵌入三五張圖片或影片等，規則一樣非常多。不過我依然會請你思考搜索引擎建構演算法的核心目的，它們究竟是想打造怎麼樣的一個搜索結果？

搜索引擎演算法的核心

搜索引擎的目標很明確，就是讓搜索者可以快速精準找到他們需要的內容，完整解決他們的問題。

無論未來SEO演算法怎麼改變調整？你都只需要緊抓著這個核心，問問你自己，你的內容是否能夠快速精準、完整解決搜索者的問題？

在行為上也就是，標題與內文相符、讓網友看得夠久（不會立刻離開）、看完之後有興趣再多逛幾頁、看完之後他沒有重新搜索或看其他網站的內容。

這樣你的內容就會被判斷的確滿足了搜索者的需求、解決了他的問題，是一個有價值的內容。當大量搜索者都是這樣好的反應回饋，搜索引擎就會不停把你的排名往前提升了。

只要你的內容都朝著「有效解決問題」來製作，無論未來SEO演算法怎麼調整，你的網站永遠會被廣大的網友給搜索到。

在內容網站，你的內容也可以區分給三層不同的群眾觀看。

漏斗頂端：陌生人會搜到的內容

你的內容必須讓最廣大的陌生人也會搜索到，所以有三個要點：

第一、內容標題要從門外漢的用詞來思考

專業說法：馬桶逆止閥故障

通俗說法：馬桶沖水倒灌、馬桶沖不下去、馬桶壞了……

多數人可能不知道什麼是逆止閥？不知道馬桶哪裡壞？你必須站在一般民眾的想法思考標題用詞，才能寫出他們會習慣搜索的標題或字串，讓他們的問題對應上你的內容。

第二、盡量製作時效性長的內容

例如你製作了一篇〈2020 NBA冠軍熱門隊伍分析〉，到了2021年這篇內容就很少人看了。

請多製作就算三五年後看都能提供幫助的內容，以及長期都會有人想知道答案的內容，才能達成一勞永逸的成果。

第三、佈滿領域裡所有關鍵字

以我的網站「故事革命」為例，你搜索「編劇、編劇教學、小說教學、小說技巧、寫作教學、作文技巧、小說創作網站、小說投稿、小說出版社、小說寫作軟體」等，只要是與小說、故事、寫作有關的關鍵字都會找到我的網頁，這也是你該做的事，把你的領域裡所有會被搜索的關鍵字都製作成一篇篇的內容。

網友的每次搜索一次關鍵字，背後都有一件他想知道的事，你負責的是製作出能解答的內容。

一組關鍵字就製作一篇內容，然後持續產出，直到把這個領域的所有可能被搜索的關鍵字與內容全部佈滿為止。

以上三點能夠做到，相信你的網站一定是一個非常親民、內容豐富的內容網站了。

漏斗中段：已知者完整深入的內容

在你一邊持續製作長時效解答內容的同時，我會建議你另外再做這三種內容：

第一、長內容

前面一直要你「一篇內容解決一個明確問題」，但是有些問題就是要花很長的篇幅才能講得完整清楚，例如「如何開始經營個人品牌？」「如何靠寫小說爆紅？」

多數時候網友都無法看太長的內容，反過來說，願意看長內容的網友就是對這塊領域眞的很有興趣，或者眞的很信服你的人。

偶爾產出長內容就是篩選出更有價值的讀者，也可能讓「已知者」看完後進階爲「認同者」，對SEO來說，有價値的長內容也比較容易排上搜索結果的前段喔！

第二、整理型內容

當你實行「一篇內容解決一個明確問題」一段時間後，可能就累積了好幾篇內容，這時候你可以製作一個統整的內容。

可能是「最多人觀看的十篇文章／影片」「經營個人品牌最關鍵的十個問題」「提升文筆最有效率的十個技巧」等，這個做法可以幫你串連舊內容，重新帶來曝光，也容易像長內容一樣成爲價値含量很高的內容，更讓人想轉發分享。

第三、自介型內容

基本上在你的網站完成的第一天，你就應該上架完你的自介。

雖然內容網站的觀衆可能都是爲了解決問題而來，但他們也有可能進一步想知道製作這些內容的人到底是誰？他是什麼來歷？他有什麼專業？他有什麼合作項目？他有什麼故事？

即便一百個逛網站的人，只有一個人會想看「關於我」這個頁面，但他們就是對你這個人有興趣的人，而不只是對內容有興趣的人。這些人就是你未來的潛在鐵粉，自介型內容就是你展現人格、說一個好故事的珍貴機會。

漏斗底部：認同者付費進階的內容

這部分跟前一篇社群文章提過的一樣，不要不好意思推出轉換內容（付費產品或服務）。

就算你的網站已經有了很多解決問題的內容，但是有些時候網友就是希望可以直接找你幫他們解決，他們會比較安心。

當你有了被動流量，很有可能你的付費品就算不打廣告，每個月都還有人會購買。但是如果你連付費品都沒有，無形中就不知道少了多少的銷售機會。

你無法預估觀眾看過你內容的迴響，搞不好他只看了你的一篇文章就對你非常信任，想要找你合作或是付錢找你服務。

當你越早推出付費品，你就越早有成功銷售的可能性。

內容網站的經營指標

當你踏上了持續發布內容的內容網站之路，你該如何衡量自己的成績呢？通常網站都會有一個後台可以看每日流量統計/每月流量統計，最直接的指標就是看每個月的網站流量有沒有成長？

內容網站的流量成長很難暴漲，寫好一篇文章也需要時間發酵，所以建議用月爲單位檢視即可。

內容網站是一座孤島，因此你最好也規畫一套行銷措施。

例如在我的網站經營的前期，我就挑選了二十個小說、寫作相關的平台、論壇、網站、社團，一週一次固定時段張貼我的網站內容，然後在文末留下我的網站連結，讓有興趣的人可以到我的網站看更多內容。

這個做法就是在網路上發傳單的概念，只要有發就會多少帶進人潮，讓一開始乏人問津的網站先有一些流量與行爲的數據後，搜索引擎才更好判斷你的內容是不是一篇有價值的內容？該不該提升你的排名位置？

自己先導流量這個做法很像放風箏，最初剛起飛時你自己要先跑一段路，等到風箏飛得夠高、有了氣流扶持，你就可以用小額出力續航了。

當網頁內容漸漸出現在搜索結果中，有了被動流量後，你的自導流量措施就可以慢慢減量喊停了。

只是要注意，內容網站的重點是「自然搜索流量」的成長。再進階一點，可能就需要把你的網站串入Google Analytics網站分析工具，區分出「自然搜索流量」的數值，但這就太過專業，在此按下不表，剛開始經營的朋友可以先看整體流量成長就夠了。

這兩篇文章分別講了「社群平台」與「內容網站」，我建議個人品牌經營者的搭配就是臉書粉專再加上個人網站，這樣是行銷應用最方便的組合。在後面〈名單黏著存複利〉的部分，我會再說明爲什麼這樣搭配？可以做什麼？

下一篇文章，我要介紹增加曝光量的第三條路：「人際連結」。

人際連結開新群

〈社群網站〉跟〈內容網站〉兩篇是教你怎麼放大漏斗頂端的觸及數量，讓更多人進入到漏斗之中。

上一篇我也分享我自己以前的經歷，我會到相關網路場域發網站的內容並附上連結，但這個行爲常常被很多人說，好像也太累太慢了吧？我必須說不要小看這招。持續這樣網路發傳單，募集到第一批讀者之後，就可能發生神奇的事喔！

我就講一個自己的例子，在我剛開始經營粉專的時候，那時候粉專按讚數（也就是粉絲人數）還不到一百人，但是有一天，我就看到讚數突然衝破了一百人，而且不停增加中，我立刻看了一下臉書的訊息通知，它就顯示「許榮哲提到

了你的粉絲專頁」。

天啊，當時許榮哲老師對我來說是遠在天上的星星，我根本無法有機會認識這種大作家，我到了他的臉書貼文一看，原來是榮哲老師轉發了一篇我寫過的書評，這本書就是榮哲老師的《小說課》。

《小說課》已經是好幾年前出版的書，我在寫書評的當下也完全不認識榮哲老師，只是單純對這本書的熱愛就寫了書評，沒想到會被榮哲老師給看到，讓他認識了我這個人。

從那時候開始，榮哲老師偶爾就會把我的文章轉發在他的頁面，當時榮哲老師已經有超過五千人追蹤，在他多次的分享下，很快地我不到一百人的粉專就突破了五百人，集中了一群最早認識我的讀者。

這就是意見領袖推薦的力量，一個意見領袖的聲量可以抵過一百個網友。

因此前期辛苦一點，自己到處轉發的目的，是要讓你獲得第一群的觀衆，他們如果覺得你的內容不錯，自然會轉發給他們覺得需要的朋友，就這樣人傳人、人帶人，你才能累積到足夠瘋傳的基本讀者量。

更何況難保在這群轉傳接觸到的人中，不會有名人、網紅、記者、編輯或意見領袖，這些人一旦也認同你，幫你轉發或報導，你就有機會再跨入新的觀眾群，持續擴大能見度。

在〈社群網站〉跟〈內容網站〉之後，第三條搭配進行增加曝光量的方式就是讓有影響力、有群眾基礎的人認識你，願意分享你的內容。

這條路感覺好像是你無法控制的，但其實還是有一些事情可以做，例如以下這三點：

第一、網路結緣不可少

很多時候我們見不到意見領袖本人，但是我們可以眞誠推薦意見領袖的作品或他這個人，難保有一天就會被他本人給看見。

就算看見的當下他沒有對你有什麼行動，但至少對你是有好印象的，未來如果有適合的機會，他突然想起你，可能就促成了你與大神的第一次合作。

再講一個事例，于爲暢老師有一本書《部落客也能賺大錢》我覺得太棒了，雖然已經是快十年前出版的書了，我還是寫了書評大推。

然後我輾轉知道，于為暢老師有在課堂上提過我為他寫的推薦文，他是知道我這個人的，於是我當時就果斷寫信，詢問可不可以跟他的網站互掛交換連結，大神當然也爽快答應了。

還有我提過，我自學Blogger語法的網站「Blogger 調校資料庫」，以前我都看這個網站學習怎麼修改自己的部落格，真的是內容太棒的一個網站，我也寫了一篇文章大推這個網站。

結果有一天，我就看到站長自發性在他的網站掛了一個網站推薦給我，我也立刻回掛了一個給他。

當時我的網站流量還小到不行，他們兩位大神還是願意導流量給我，讓我心懷感激。

如果你不知道怎麼跟大神結緣，這種線上留言讚美或是寫一篇專文讚美的佛系結緣法，搞不好會帶來認識的曙光。

雖然讚美大神結緣這招真的很有效，但是我要鄭重提醒，希望你是真心誠意喜歡這個人，而不是只為了蹭流量拍馬屁喔。

第二、實體接觸會更好

與大神面對面的接觸，留下的印象一定比線上留言或看一篇文章深刻。一樣講我自己的經歷，有好幾位寫作老師當時願意幫我分享內容，就是因爲我們剛好有機會見到本人寒暄，算是眞正認識了對方。

像是輕小說作家小鹿老師，當時我是專程去聽他的公開講座，之後當面聊聊，有機會交換寫作想法，算是認識了對方，他也幫我分享了內容；

還有輕小說作家値言老師，我們當年是一起得到東立小說獎，所以有機會當面聊天認識，之後她也很熱心幫我分享內容；

以及小說家也是歷史作家的謝金魚老師，這邊有一點公器私用，我任職的出版社要辦工作坊，我們就請謝金魚老師來當講師，我身爲主辦方當然就能名正言順地認識老師，後來老師也有幫我分享我的內容，也感謝三位老師當時的不嫌棄，我才能被更多讀者看到。

如果你心儀的大神有天要參加書展、辦講座課程，這就是你可以見到本人的機會，再來就要看你怎麼自我介紹讓大神留下印象囉。

不過同樣要強烈提醒，我希望你的目的性不要太過強烈，你應該是眞心想認識你崇拜的大神，而不是只爲了從他們身上要資源。相信我，大神們都已經見多識廣，你是眞心誠意還是虛情假意，他們都能分辨得出來。

第三、先把自己準備好

常常有學員會說，我已經見過大神了，可是大神都不理我、也不幫我啊？

當你這樣想，你就出發點就已經偏差了，你想認識大神應該是因爲他眞的很棒，而不是你要他一定要理你、一定要幫你，請先不要懷抱目的性去認識大神。

再來，請你自己想想，在什麼情況下你會願意推薦一個人，把他介紹給別人呢？肯定是因爲你覺得他眞的很棒，很值得你這樣做吧？

同樣的道理放到大神身上，當他認識你之後，卻沒有任何推薦你的舉動，原因也很單純，就是你在他心中還不夠優秀，所以他還推薦不出去。

這點也是被大神們分享的最大關鍵，你自己必須夠優秀。

但是怎麼樣算優秀呢？你可以問問自己有沒有這些條件：

你有持續努力不懈經營內容一段不短的時間嗎？
你有什麼成就或代表作嗎？
你有一個好好介紹自己的網頁或資料嗎？
你有一個不只是爲了自己的理念嗎？

比如我有一個理念，這個理念就是我建立「故事革命」的原因：我希望可以落實學習之前人人平等，讓每個人不因能力、地緣、身分、經濟條件而受限，讓這個網站可以翻轉全民取得知識的門檻與成本。

這就是我的目標與理念，那你的呢？你也應該大膽地說出你的目標與理念，並且讓人們可以看見你努力奮鬥的模樣。這樣有夢想的人才是我們想幫助、想支持的！

以上三個提高被大神推薦機率的方法，其實仍然無法控制結果，不過我想無論能不能創造好結果，眞心誠意推薦他人、與大神交流，以及讓自己成爲值得支持的人，這三件事本身就是非常值得做的事情。

在我本文提到的被大神分享推薦的案例，有三位是實體先見過面的，有三個是當時還沒見過，是先靠讚美認識的。

但是唯一有一個粉絲專頁「一本好小說的誕生」，是我沒有讚美過他，我當時也不認識站長，但他還是主動幫我推薦了內容。

這就表示是純粹靠讀者的分享再分享，我終於傳進了大神的眼中。因此不要小看第一批數量還不多的觀眾，每個觀眾都有自己的人際圈。

有力人士的推薦就是這樣來的，讀者分享來分享去，總有機會進入到大神的眼中，只要你夠好，就有機會被大神分享，每一次分享都會讓你跳入新的群眾眼中。

〈社群平台〉〈內容網站〉以及〈人際連結〉，這三篇講了三個擴大觸及的方法。我常常覺得做行銷每個人都一樣平等，網路人氣不會從天上掉下來，都是自己經營出來的。名人也不會自己來認識你，但你可以去認識名人，自己創造機會，願意做的人就是比沒有做的人多了一點機會，非常公平。

你所看到的大多數個人品牌成功者，都跟現在的你一樣，是從零開始，一步一步慢慢累積的。

我也想與你共勉，只要願意出發，永遠不會嫌晚！

下一篇，我們就要從漏斗的頂端移到底部，來講怎麼存下流量，把訪客變成顧客的方法。

名單黏著存複利

在〈行銷漏斗〉有提到一個觀念，是放大漏斗頂端觸及數，就可以等比放大進入漏斗底部的數量，底部的認同者才會爲你創造有商業價值的行爲。

不過如果我們一直把水量灌進水桶，但水桶根本底部破一個大洞，那九成的辛勞也可能是白忙一場。

前面三篇都在講你可以怎麼放大觸及、導入流量，這一篇就是要請你把水桶的洞補小一點，把努力導入的流量多存一點下來。

而要做到把流量存下來，你必須做到兩件事：

第一，你可以再次聯繫他。

第二，他對你有高度好感。

可以讓你主動聯繫網友的資料，行銷上常常統稱為「名單」，依用戶屬性不同或取得資料的方式不同，又可能分為「問卷填寫名單」「信箱訂閱者名單」「購買者名單」「會員名單」等很多類型。

如果你能主動聯繫網友，你才有機會推播有價值的內容被他看到（而且是持續看到），透過多次接觸培養他對你的熟悉感、信任感。

在社群平台上，觀眾看過你一次卻不一定能看到第二次；在內容網站上，讀者被搜索到了一篇文章，讀完常常就沒有再回來，這樣就是流量進來了，但又流掉了。

使用名單進行「再次行銷」，就是讓曾經接觸過的觀眾可以打鐵趁熱，再持續多次接觸，破解只有一面之緣、沒有留下印象的窘境。

如果你有付費導入流量（臉書廣告、Google關鍵字／多媒體廣告、KOL業配等），那就一定要做搜集名單存流量的措施。

因此要怎麼可以再次接觸網友？怎麼讓他願意把聯絡資料給你？怎麼讓他願意持續接到你的來訊？這就是我們接下來要講的內容。

如何再次聯繫：再行銷

最常見的再次聯繫方式就是Email、Line、手機簡訊、臉書追蹤碼。

Email

Email取得難度不算高，這也是因爲許多人不常用Email，或者Email的信不常點開，甚至有些人根本沒有Email。

使用Email的好處在於你的寄送費用極低，幾乎是所有再行銷費用中最低的一種，如果有訪客願意給你他的Email，是非常值得經營的再行銷管道。

Line

Line是台灣普及率最高的通訊APP，所以Line也有商家專用的官方帳號，可以一對一聯繫，或者群發給所有加入的用戶。

加Line因爲掃一掃QR碼就可以加入，用戶事後也可以選擇靜音或封鎖，所以加Line難度也不算太高。

但問題也在於，我們主要是用Line來跟朋友傳訊，不是爲了看廣告，所以如果被用戶覺得你都在發廣告，也很容易被封鎖刪除或是設爲靜音根本不開信。

同時官方帳號要群發Line訊息，超過免費額度就會被收費，擁有的用戶量越多，被收的錢就越多。

而且你其實沒有眞正擁有客戶的資料，今天客戶封鎖你了，你就束手無策了，你想要聯繫客戶也只能透過Line，變相是被Line綁架了你的用戶。

手機簡訊

手機號碼的取得難度最高，寄送成本也最高，但是觸及率也最高。

Line的訊息氾濫，有些人漸漸不會點開Line，但簡訊點開被閱讀的機率還是比Line高出許多。

但因爲手機號碼取得不易，寄發簡訊也需要錢，所以要如何精準提供受衆需要的資訊，就成了最大的問題。

臉書追蹤碼

臉書追蹤碼（稱爲像素）可以記錄造訪過粉絲團的人、與粉專貼文互動過的人、跟粉專傳過訊息的人，或是看過粉專某部影片的人，這群被記錄的人，你可以使用臉書廣告功能，在他們瀏覽臉書時，進行特定貼文或影片的再次曝光。

而ＩＧ也是臉書的子品牌，所以使用臉書廣告功能，也可以讓被追蹤碼記錄的人在瀏覽ＩＧ時進行貼文或影片的再次曝光。

如果你的內容網站有安裝臉書的追蹤碼，那也會被臉書給記錄。當他們看過你的網站，甚至特定網頁後，你一樣可以使用臉書廣告功能，在臉書或ＩＧ安排特定的貼文或影片，對他們再次曝光。

還記得我有說過，我覺得個人品牌經營自媒體的最佳搭配是「臉書粉專」加上「個人網站」嗎？這其中的原因就是在於追蹤碼的應用，可以把那些自然搜索到你的網站的網友記錄起來，在臉書／ＩＧ上再次觸及。

會主動進行搜索的網友就是已經有需求的網友，經過網站內容的曝光、臉書或ＩＧ的多次曝光，可以加速累積印象與信任度，用高效率達成轉換目的。

臉書追蹤碼的記錄是在不知不覺中完成，不需要用戶交出資料就可以無痛蒐集。

但問題也在於必須用戶再次回到臉書或ＩＧ上，才有機會看到你想曝光的內容，同時你也無法指定對某一個人曝光，你只能對某一群人曝光，無法保證其中的誰一定會看到。

且這樣的曝光也需要廣告費，有時候可能比發簡訊還貴上非常多。通常建議是對一大群人使用，而且有帶來盈利的商業目的會比較好。

	資料的取得難度	訊息觸及的費用	訊息的觸及程度
Email	中	低	低
Line官方帳號	難	中	中
手機簡訊	最難	高	高
臉書追蹤碼廣告	易	不一定 有時可能極高	偏低 無法指定特定人

如何讓他願意被你聯繫：小甜頭

講完了可以再次聯繫的方式，除了臉書追蹤碼是不用用戶提供就會被記錄，其他三項Email、Line、手機簡訊都需要用戶自己願意提供資料。

但對方不會無緣無故給你他的資料，這時候就需要一點小甜頭提升動機。例如你可以整理一份有價值的資料表、知識乾貨、步驟懶人包、私人秘笈等，請他提供Email、Line、手機號碼後，就會寄到他提供的資料處給他。同樣是索取資料，但卻有了名正言順的理由。

之後你也要注意，不要取得聯絡方式後就開始傳廣告，可以先傳一些他應該會有興趣的內容，慢慢培養熟悉感，把名單裡的受眾，從已知者變成認同者，再進行轉換型內容的發送。

我對後續聯繫的建議是，寧可一開始就講明你會提供什麼資料、明說你會不定期夾帶廣告，也不要用騙的讓人提供資料，卻沒有提供對應內容。一開始說得越清楚，之後的封鎖率也越低。

網友能給你資料也能封鎖你，擁有願意接受你廣告資訊的受眾，才是最有價值的名單。

如何對你有高度好感：專屬性

當我們透過連續寄發的內容，把名單裡的已知者變成認同者，但認同者跟「鐵粉」還是有一段差距。

要把認同者變成高價值的鐵粉，你也不可能只有普普通通的作爲，當然需要一些貼心的舉動，比如你可以思考，怎麼爲鐵粉提供「專屬性」活動？

舉例來說：九把刀以前每年過年前，就會親手寫紅包袋，在書展上送給前面排隊的讀者。像這樣親手製作的物品，的確是增加好感度的好招式。

如果你有學員是曾經付費的，你也應該獨立拉出一個管道互動，不要把他們跟路人網友混在一起。

例如于爲暢老師就爲他的付費訂閱文章用戶，建立了一個專屬的臉書社團；我也爲我的課程學員建立了一個專屬Line管道。這不只是區別群衆，也是要給付費者有專屬感。

這類專屬活動也可以是實體聚會，有個人品牌經營者會舉辦不收錢的讀者見面會、甚至包場看電影，總之就是要讓粉絲覺得你對他們超級好，他們才會變成你的鐵粉。

怎麼對粉絲好？這些方法就像一場開書考試，當你在網路上看到有KOL對粉絲做了什麼貼心舉動、舉辦了什麼活動，你都可以想一想你可不可以也做到。

有句話說：「你賺的一塊錢不是你的一塊錢，你存的一塊錢才是你的一塊錢。」這句話我覺得放在個人品牌經營上更適用。

你導入的流量不是你的資產，你存下的名單才是你的資產。

把名單變鐵粉，這些鐵粉甚至能變成朋友一樣的互動，爲你提供終身的價值，就像存款滾利息一樣，存鐵粉也可能變成一輩子受益的眞實人脈。

最後，我要提醒你，不要把鐵粉當粉絲，請把鐵粉當朋友，只有你們是平等的朋友，你們才能維繫得長長久久。

企畫創新不定型

前面的四篇文章，從社群、網站、人際連結導入新鮮流量，從名單再行銷存下流量，變成粉絲，其實已經講完了個人品牌行銷的大重點。

如果還可以補充什麼，那大概就是「創新」了。讓自己定期企畫新活動，開發新客群。

綜藝節目主持人吳宗憲說過一句話：「常態就有疲態，疲態就會被淘汰。」當你做固定類型的事，你就只是持續接觸到固定類型、固定範圍的網友。

雖然我一直鼓勵大家做可以長遠發展、可以一魚多吃的事，但當你的成長遇到瓶頸，求新求變還是必要的。

你可以有一個「特別企畫」的概念，定期做一些特別的事，這個定期可以看自己的時間與資源，可能是一個月一次、三個月一次、半年一次。

你可以朝三個方向思考特別企畫的製作：

第一、奇觀型內容

奇觀內容之前有提過的部分就不再重複贅述，但是如果你想開發新客群，那就要是真的奇觀！

你就想，有什麼內容發布出去後，會讓看到的人心想：「哇！太狂了吧！」有什麼內容發布出去後，你覺得一定會被看到的人轉發分享？有什麼內容發布出去後，你覺得很有可能會被其他網路媒體轉載，甚至被新聞採訪？

做到這種程度才是真的奇觀型內容，也可以說，唯有是真的奇觀，才會讓人驚嘆、瘋傳、轉載採訪。

第二、新嘗試內容

上述奇觀型內容可能會難倒很多人，或覺得自己不適合奇觀型內容。那我們就縮小一點想，你可以做一件你從沒有在網路上發表過的事。

如果你沒有玩過直播，你可以直播看看；你沒有拍過影片，你可以拍支影片看看；你沒有寫過故事，你可以寫一篇看看；你沒有跟網友玩過QA問答，你可以回答看看；你沒有評論過時事，你可以評論看看。

再講誇張一點，你沒有公開唱歌過，搞不好你可以唱首歌看看。這時候你會想，「慢著，我跟唱歌也離太遠了吧！」

以我自己來說，如果我現在唱一首抒情歌，的確很奇怪，我又不是經營唱歌領域。但是如果我把我覺得人生必讀的一百本書串成Rap歌詞來唱，不就是硬讓唱歌跟我的領域有關聯了嗎？

如果我把我覺得人生必讀的一百本書列成清單放在網路上，可能看的人還不多，但是變成一首歌之後，可能連平時不認識我的人，都有興趣聽一下，進而認識我。

在你想不到怎麼創新的時候，跨界取材是非常好的靈感來源。

第三、合作型內容

常常看到YTer會不停feat（客串）其他的YTer，與別人合作拍片，這就是快速打開新觀眾的一種方法。畢竟觀眾本來就可以同時喜歡你又喜歡別人，這並沒有直接的抵觸。

當你覺得你想得到的行銷方式、內容類型都使用過了，感覺成長已經停滯了，這時找人合作、聯合宣傳、互相宣傳又是另一片藍海。

但這種方式跟我們提過的名人推薦很像，你必須自己先有一點成績、資源或能力，**讓對方覺得跟你合作對他有幫助或是有意義**才可能促成。

當然你也可以尋找網路聲量跟你差不多、或是略遜一點的個人品牌經營者合作，這樣提案成功的機率也會比較高。

如果你們兩人的領域不同，你們的受眾可能高度不重疊，這樣就算他的粉絲數比你略少，開發新客群的成效還是不錯的。

以上三種類型就是你可以定期執行的「特別企畫」。常態是一件值得憂慮的事，因爲觀眾會改變、會成長、會喜新厭舊，你如果不改變，你的觀眾只會慢慢地流失，你的影響力會慢慢地萎縮。

對個人品牌經營者來說，世界上唯一不變的就是不停的改變，沒有一套勝利方程式可以一生一世永遠管用，所以我一直提醒你要有創業者的心態，持續試誤、持續修正。

就算一時的成功，也要注意後勢的疲軟；就算遇到了失敗，也是關注在如何修正改善。保持隨時接受變化的心、靈活的腦袋、勤快的手腳，才是個人品牌經營者百戰不殆的秘訣。

第三部分〈行銷篇〉就講到這裡，下一個部分〈獲利篇〉，我們要一一細數，在行銷之後如何從個人品牌獲得利益，讓自己確實活下來。

PART 4
獲利篇

金錢是最好的激勵

我寫這本書的初衷，不只是希望分享我對個人品牌經營的觀點，更希望可以幫助個人品牌經營者得到足夠的收益生活。

許多個人品牌經營者會把自己定位成「分享者」「創作者」，或者一個「平凡的素人」，這讓他們會不敢收費、不好意思收費、覺得自己沒有資格收費。關於收費這件事，曾經也是我的心魔。

我２０１４年職辭寫作時，已經快30歲了，從一位有穩定收入的上班族變成自由工作者，我當然知道一定要靠寫作賺到收入，我才有辦法活下去，然後一直寫下去。

但當時沒沒無名的我，也如我之前所說，根本無法賺到足以維生的金錢，所以必須再去找一份編輯的工作，才能養活自己。

而在編輯工作時，一方面是有職銜的加持，一方面是網路能見度開始提升，我開始接到一些講座的邀請。

我還記得第一次有高中老師請我到學校分享時，當時他線上傳訊問我：「請問老師演講的鐘點費是多少呢？」

我當下腦袋一片空白，完全不知道自己應該報什麼數字，一點行情概念都沒有。後來想來想去，就依照我在網路上查到的講座鐘點費資料，也不敢報高，取了一個最低數字跟老師說：「我一小時八百元即可。」

然後還有點不安地補了一句：「如果老師有問題，我們都可以再商量喔！」

你應該可以想像當時的我多沒自信，對於我可以收費嗎？我可以收費多少呢？我是一點自覺都沒有。

不過那位老師人也很客氣，他說：「這樣對老師太不好意思了，我們學校會支付一小時一千六百元的鐘點費給老師，學校單位經費有限，請老師不要見怪。」

那天講座結束後，我拿著裝著兩個小時鐘點費的信封袋坐捷運回家時，一路上我還不時拉開背包的拉鍊，偷看信封袋裡的現金三千兩百元。心裡想著：「我這樣講兩個小時，眞的可以拿這麼多錢嗎？」

從工廠離職時，我的月薪是三萬八千元，上班22天，等於日薪是一千七百多元，時薪是兩百一十五元。現在一小時一千六百元的鐘點費，我當然會懷疑自己眞的可以拿這麼多錢嗎？

雖然後來我才知道，公家機關或學校外聘講師的鐘點費支付一千六百元是慣例規定（107年2月1日起提升爲兩千元），絕大多數的講師都是領這個鐘點費，但對我來說，這還是一筆可觀的收入。

在我還無法只靠寫作收入活下來的時候，是編輯工作還有講座收入讓我可以好好活著，在閒暇時寫作。

那時候我一直跟自己說：「如果寫作不能養我，那就換我養寫作。」

好在，隨著知道我的人越來越多，我也有越來越多接案寫作的機會，包含劇本的編劇費、出書的版稅。從2017年起，不計講座收入，我純靠創作內容賺到的收入，每年都超過了五十萬，我眞正達成了純靠寫作維生的小小門檻。

而我的講座邀約越來越多，我的時間有限，鐘點費的標準也要持續成長才能以價制量，這幾年我的鐘點費也比最初成長了四五倍。

這時候的我卻有了一個新念頭：「既然寫作可以養我了，那我可不可以少講一點講座了？」進一步我想：「那些需要這些講座知識的人，是不是可以用很方便、低門檻的方式讓他們也學習到內容呢？」

於是我開始做一些不會賺大錢的事。

從2018年起，我大量婉拒講座邀約，決定把一些入門的知識做成線上課程，一方面提供給各地需要的人，一方面解放我的講座時間。

我記得我推出第一檔線上課程〈精煉故事學〉時，我的定價也只有同性質線上課程的四分之一。整體收入扣除製作成本、宣傳成本、網站營運成本後，其實只有少少的盈餘，可能還不及我一個禮拜的實體講座收入。

不過我還是甘之如飴，因爲我是在奉行自己的理念，讓人人都可以在家學習成長，用很低的門檻完成自己的寫作夢。反正只要不要讓我賠到錢就好。

接著，我從2019年起開始不定期舉辦「寫作者小聚」，目前已經舉辦了五場，只需要很少很少的報名費就可以參加。可以讓創作者、內容經營者跨界交流、互相觀摩、交換資源、結識人脈，一起成長共好。

我當年一個人全職寫作時根本沒有這樣的聚會，我一直在想，如果能有這樣的場合，對於素人內容經營者的幫助一定很大。現在我比較有一點相關領域的能見度了，我希望我自己可以舉辦這樣的聚會幫助大家。

我也真心說，這個活動我根本沒有賺錢的意圖，有時候還是虧本舉辦，需要我自掏腰包貼補，更不要提我自己付出的人力、時間與心力。

就算我不舉辦這個活動，我一樣可以活得好好的，還能把時間拿去做其他能賺錢的事。

但正因爲我有一份共好的理念，無論是分享有價知識或者是舉辦聚會，只要讓我不要大虧錢，我都願意去爲素人創作者奔走，讓大環境更好。

假設我今天沒有從個人品牌獲得足夠的收入，那我就算空有理念也無能爲力，因爲我連賠錢都承受不住、連自己活下去都有問題，又怎麼有辦法可以照顧其他弱勢的創作者？

這一路走來，我非常理解個人品牌經營者前期對於是否該收費的糾結，同時我也感受到了當有足夠的收入時候，你的規模與視野都將大大不同。

因此我非常鼓勵所有個人品牌經營者必須收費，而且越早端出付費品越好。你爲什麼該收費？我的經驗裡有非常多値得分享給你的現象。

第一、付費才是貨眞價實的肯定

我們在經營的路上，一定會受到很多人的鼓勵或讚美，他們會說你好棒、我好喜歡你、你要繼續努力喔！

但是當你端出付費品請他們支持時，多數人就會安靜了，因爲鼓勵與讚美是最廉價的。他們不用負責任，就可以毫無損失、日行一善地幫助你。

收費是非常直覺分辨出「鐵粉／眞粉」與「泛粉」，甚至「假粉」的界線。

第二、免費取得的不會被珍惜

免費的講座，永遠都有臨時不來的人；但收費越高的講座不只不容易缺席，每個學員還非常熱切地需要你的分享。從他們的眼神與互動都可以讓你得到滿足的反饋，講一整天也不會覺得累。

這樣的經驗太多了，就連線上課程也是。我自己的數據，高價課程與低價課程的完課率（學員有看完課程的比例），高價課程比低價課程高出了百分之五十，差距非常明顯，這證明了付出越多成本，參與者的心態也會越積極。你是透過付費門檻，篩選出真心渴求的受眾。

你也可以問問自己，你有沒有在網路上免費下載過「電子書」「簡報檔」等知識內容，或者存了一堆網頁書籤，是你預備之後要學習的網路文章或影片，但這些免費內容你是不是常常放了很久都不會去看？這就是免費的問題，會讓你的內容／產品／品牌價值大幅貶值。

收費才該是常態，免費只能是特例。

第三、把時間留給熱愛你／支持你的人

如果你堅持把免費當成常態，我當然也無法阻止你，但我想提醒你一件事，你的時間一定有限，你不可能平均照顧每一個人。當你的觀眾粉絲越多，你一定

會深刻地發現這個現象。

如果每天有100個網友問你問題、希望得到你的回答，而你只有一個小時的時間做線上回覆，你該怎麼決定誰該得到回覆？誰該被推遲？

我的線上課學員都會進入另一個專屬Line溝通管道，我在那裡對學員的提問回覆，動輒都是三五百字起跳，可能一個學員我就花了一個小時回覆他。

他們對我願意付費，相對來說應該也對我一定有相對的信任與支持，所以他們也值得我好好對待回報。

對於沒有付費過的網友，我當然也會視情況回覆，但肯定會比學員們簡潔許多。如果對免費者也和付費夥伴待遇規格相同，這是對付費夥伴的不尊重。

我也知道沒有付費並不代表不支持，可能他是真的沒有錢而已。不過對你來說，你有限的時間如果只能服務一小群人，你也只能從有具體行動支持你的人優先滿足。

對個人品牌經營者，我有一句戲言是：「真愛就是付錢。」它是有點開玩笑的講法，但也是想告訴你，如果某人是你的真粉絲，那他一定會希望你過得不錯、持續成長，他肯定願意付錢給你。

我也遇過有人私訊講得天花亂墜，說有多仰慕我、多喜歡我、支持我好久了，但最後其實只是要我幫他做對他有好處的事。他對你空口無憑的推崇，只是一種謀求私利的情緒勒索。

第四、免費的專家不是專家

最後，人的心理上有個錯覺，會認爲貴得通常比便宜的好，這是經過心理學家實驗證明的現象。

用自己的能力賺錢是一件天經地義的事。如果你眞的覺得自己有價值，你就應該收費；如果你覺得你比別人都好，你就應該收得比別人更貴。

免費不只會讓自己的事業無以爲繼，也是貶低了自己的價值。如果你是專家，你就應該收費，與那些免費提供者做出明顯的價值區隔。

從我賺到錢的出書、寫作案、講座課程、高價線上課程，以及不賺錢的低價線上課程與寫作者小聚中，我深深體會到，當你能創造出獲利模式，你才能做得長久、有試誤空間、有放大可能、有本錢做不賺錢的事。

就算是不爲了錢，你有任何的理念願景，沒錢也可以追逐，但有錢容易做得更好。

錢就是一種能力，你不用很有能力才能幫助人，但能力越大就能幫助越多的人。

尤其對我來，做自己喜歡的事，很快樂。但做自己喜歡的事還可以賺到錢，這份快樂會增加十倍。金錢就是最好的激勵之一，也是存活下去不可或缺的激勵。

個人品牌可以是一項不計報酬的經營，但它也擁有獲利的正當性與必要性。接下來的幾篇文章，我會陸續跟你談個人品牌賺錢的方式，協助你的品牌永續發展。

流量財

流量財基本就是「別人付費買你的曝光能力」。

無論你是有一個內容網站、臉書粉絲專頁或個人帳號、ＩＧ帳號或是ＹＴ頻道，甚至是一個Line群組、一群Email訂閱名單都好，只要你有能力曝光給不少人知道，你就能創造流量，你就有可能賺到流量財。

我們最常聽到的流量就是廣告費、業配費，也有人會在自己的網站側欄、底部或是文章中間插入Google多媒體廣告的版面，單純賺曝光費。

但對個人品牌經營者來說，要靠Google多媒體廣告賺到夠多的錢，需要的流量並不小，表示你需要有非常大量的內容，短期內比較難達到。

因此我都會建議個人品牌經營者最好是把流量做純一點，有明確的觀眾屬性跟穩定的曝光量，直接從廠商承接曝光合作提案，會是效益比較高的流量財。

從哪裡承接業配合作？

業配曝光一直是一個巨大的市場，對於有一點知名度的經營者，廠商／案主也會自己評估你有多少曝光效益？值得多少廣告費？然後向你提案一個他們覺得划算的價碼。

所以只要你有一點知名度／影響力了，如果不計較報酬，案件肯定是接不完。不過實際上我們不可能不計較報酬，所以要「以價制量」還是「薄利多案」，全看你想怎麼經營。

至於對沒有知名度，剛起步的經營者來說，你可以在臉書上搜索接案社團／發案社團，至少有超過十個社團每天都有案主在上面找ＫＯＬ、部落客、網紅，你可以自行找有興趣、有把握的聯繫，與案主媒合。

當然，這種管道能得的報酬通常都不會太高，不過新手接案除了考慮價格，更該讓自己多接到一些案件，創造出品質優秀的業配內容，由成功案例去爭取下一次更高的報價。

同時也別忘了持續經營內容，讓自己的知名度成長到不需要找案子，就有人主動上門提案。當是由別人來找你，願意付出的錢肯定就比較大方了。

賺流量財有哪些要件？

很多人直覺認為要賺流量財，你的流量/曝光量一定要越大越好，這個觀念基本上正確，但還是有附帶條件的，那就是「穩定度」。

當廠商跟你來往討論報酬時，你當然要提出「你的最高曝光量成就」當作提高報酬的籌碼。

但身為一個發案廠商，他在找上你的時候，一定也會考慮到你的曝光下限，也就是你近期發布的內容，平均能創造多少曝光量。

讓廠商可以評估，就算這次的合作再怎麼差，最少也可以有多少曝光量，不至於太慘，都沒有成效。

因此如果你想要積極承接這類業配合作案，你應該準備幾項數據：

1. 近一個月／三個月的平均內容曝光量
2. 歷史／一年內／半年內單一內容最高曝光量（代表作）
3. 歷史／一年內／半年內單一業配內容最高曝光量（業配代表作）

雖然是統稱曝光量，但依據經營的平台不同，數據就不同。經營內容網站就提供網頁瀏覽數、經營臉書粉絲專頁就提供貼文觸及數、經營臉書個人帳號與ＩＧ帳號就提供心情讚數、經營ＹＴ頻道就提供觀看人數。以上不同的時間區間，數據也會不同，你應該都準備起來，但優先提供成績最好的那項，展示你最成功的代表作，以爭取最高酬勞。

如果過去業配合作中，有要你將流量導去某個網頁，有呼籲你的觀眾點擊，你也應該多整理一個「流量／點擊量」，這對廠商來說會是更安心的保證（但如果數據難看，當然就不主動提供了）。

流量財能賺多少？

前面有說，流量財就是「別人付費買你的曝光能力」，而網路曝光的費用是越來越貴。因爲內容日以繼夜不停產出，但人口有限、人的時間有限、人的注意力有限，因此曝光費用未來也只會更貴，不會再變便宜。

對於一個新人要爲自己的流量報價，我都會初步建議，從你的平均曝光量抓一到兩倍。

舉例來說，如果你的網頁瀏覽數或是影片觀看數，平均有五千人瀏覽觀看，那你的參考報價就是五千到一萬之間。

但要強調，這只是給新人的參考建議，實際市場上報價非常混亂，幾乎可以說沒有標準，因爲有七項變因都會影響你的報價高低：

流量

你的穩定流量、代表作曝光量，是最直覺判斷你有多少價值的變因。

話題性

如果現在有什麼話題／趨勢正熱，你剛好是領域專家；或者你最近正好做了一件廣為人知的事，成為話題人物，也可趁勢提高報價。

權威性

專家與網紅信賴度不同，如果你具有專家背書性質，容易增加對曝光事物的信賴，報價也應再提高。

稀缺性

如果某些領域／產品，敢接的人／適合接的人／專門經營的人不多，你也可以提高報價。

執行難度

如果提案內容要你上山下海做東做西，要你寫一段／唸一段你不想講的話，要花你很多時間執行，這些也要斟酌提高。

受眾含金量

一個聚集小學生的KOL跟一個聚集上班族的KOL，因爲受眾的購買能力有落差，他們的價值也就大不相同。就算你的流量不大，但只要是高含金量的群衆，你也有提高報價的本錢。

自我感覺

除了以上這些變因，最後一個變因就是心理因素，有時候你就覺得這個廠商很機車，你不太想接，所以報高一點；又或者你這個月不想太累，想以價制量；又或者你就是覺得自己值這樣的價碼，自我感覺良好，也可以隨你的意思報價。

像我曾經就接過某集團舉辦寫作比賽的宣傳業配，當時我正寫了爆紅的文章〈別用瞎扯倡導對的事〉（話題性），同時在臉書上有寫作者聚集的粉絲團也不多（稀缺性、受衆價值），加上我自己也擁有少許的領域權威性。

最後議定發一篇粉絲團五百字貼文的宣傳費用，是一萬五千元。如果單純用曝光量兩倍計算，我是報不到這個價碼的。所以你能從流量裡賺到多少錢，不只看你的流量大小，也被你的溝通談判能力影響。

除了要穩定提升你的平均曝光量，也可以從其他變因入手，爲自己創造「話題、權威、稀缺、高價值受衆」，讓你跳脫曝光量一到兩倍的報價，甚至可以爭取到曝光量十倍的價碼。

服務財

服務財就是「別人付費買你的專業」。

相對於流量財，服務財需要的流量「精準」比「數量」還重要，當然你也有必須爲客戶解決問題的能力。

服務財說白了就是接案，你可以是先有一點知名度了，再端出你有什麼服務。當然也可以是你本來就有一項專業服務，只是透過經營個人品牌，拓展客源、招攬生意。

個人品牌與經營內容的價值，則可以讓你有更多的曝光量、接案時的客戶信賴度更高、報酬也會有品牌溢價。

從哪裡承接服務案件？

如果你今天沒有個人品牌，只是單純賣服務接案，那在外包網等接案平台登錄自己的資料、報價與作品集，其實也就算完成準備工作了。

不過既然是要靠個人品牌來協助接案，我建議你一定要有一個個人網站，就算是先用部落格平台也可以，總之你要有一間網路上屬於你的旗艦店，並要有這些內容：

1. 關於你的介紹、你的故事
2. 你的作品集與成就
3. 你的多張照片與影片（形象照或工作側拍）
4. 你對該領域的觀點見解
5. 你的服務項目與收費
6. 你的多種聯絡資訊（臉書訊息、Line、Email、網站上的連絡表單）

這樣才算是有個場域能好好介紹自己。避免在接案平台上跟其他接案者打混戰，最後落入價格之爭，而沒有彰顯到自己的價值。

再來就是要運用我們在行銷篇講過的種種方法，爲自己導入流量。不過是因爲我們的目的就是接案子，有很明確的商品販售，並不是要販賣自己的流量，所以我們就不太需要一直做蹭時事博流量的事，可以比較專注產出跟你的專業有關的內容。

把專業內容的比例提高，雖然有興趣的受衆會變少，但可以將流量的品質提升，吸引到眞正有需求的人認識你、找到你，就算不用像頂尖網紅一樣巨大的曝光，也可以接到足以維生的案源。

賺服務財有哪些要件？

很多人會有一個觀念，那就是：「要賣服務，我就必須是最優秀、最厲害的。」這個觀念就會讓很多人不敢踏出接案的第一步、不敢跟前輩競爭、不敢抬高報價，我必須說這個觀念不完全符合現實情況。

首先「優秀／厲害」是一個很難清楚定義的條件，假設你比前輩更願意多跟案主洽談，照顧他們想瞭解細節的心情，不厭其煩解釋其中的原理，這樣不也是一種「優秀／厲害」嗎？

案件一定會牽涉到人與人之間的溝通，每個人的性格特質又不一樣，這時候對案主來說所謂「最優秀的人」，其實只是「最適合他行事風格的人」而已。

案主／顧客會找上你爲他解決問題，基本上常受到這幾項變因影響：

地區性：有些需要見面的服務或需要到府服務，地區性就是明顯區隔。

專營受眾：前面提過，你可以自己限縮你是哪群人的專家，反而能聚焦。

專營項目：同上理，你也可以自己限縮你是哪個項目類別的專家聚焦。

經驗能力：你過去的成功案例，也被用來衡量你的能力。

性價比：在相近規格下，誰的報價最低有可能就會得到案子。

以上這五項變因都是一般接案者會被評估的，所以也是你可以思考設計或加強的地方。

其中唯有「性價比」是你不該去比拚的項目，市場上永遠會有比你更便宜的人，你應該把目標放在提升自己的價值感，組裝自己的獨特定位，讓大家知道你爲什麼値這個錢。你可以有入門版服務，但不能只有低定價的服務。

除了這五項，個人品牌經營者還會多增加「熟悉感」這項要因。人會習慣跟認識的人合作，就算網友只是常常在網路看到你的內容，他也會有一種他好像認識你很久、你們好像是朋友的錯覺。

同時個人品牌還有一個好處是，發案者常常是「願者上鉤」，他早就已經知道你是誰了，所以來找你洽詢的時候合作意願已經非常高了。畢竟他就是被你吸引而來的，也不容易有「出錢是老大」的心態。

當接案者擁有個人品牌，絕對是一項一舉數得的投資。

服務財能賺多少？

個人品牌可能會爲你帶來多種管道的收入，每個人的類型與經營策略不同，服務財占整體收入的比重也都不一樣。

有的人靠接案維生，可能這就占了九成的收入；有的人只是加減做一點，可能還有「流量」或「教育」等來源，你可以先訂出你想靠提供服務每個月賺進多少錢。

每月案量×案件平均報酬＝每月接案報酬

這當然是最簡陋的形式，現實情況可能還有不同價位的服務組合。

低價案量×平均報酬＋高價案量×平均報酬＋後續維護費用＋相關服務加購＝每月接案報酬

眞實情況可能比我上面的公式要複雜更多。但基本上提升「案量」與「報酬」是拉高營收的大方向。

「案量」與「報酬」，你該優先提升的「報酬」，因爲你前期畢竟是個人事業，案量的提升代表的就是增加工時、壓縮生活品質。

除非後期你能把案件轉包抽佣金，或是自己組建團隊交給員工執行，這樣才可能打破案量的上限。

在想要兼顧工作與生活的情況下，專注提高「報酬」幾乎是你唯一的道路。賣服務也就是你的解決方案值得對方付多少錢，這當然各行各業很難比較，除了個人的專業度、資歷、成就以外，我覺得還有這幾項因素會影響你的報價：

利他度

你的服務值多少錢，常常取決於你能幫顧客創造多少利益。能幫顧客賺一萬，你拿三千也合理；能幫顧客賺十萬，你拿三萬也合理，你的價值就在於你能幫他創造多少價值。

安心感

你的服務能幫顧客省去多少麻煩、避免多少風險？

人有時候要的就是一個安心的感覺。當他有一個問題需要花錢找人解決，他一定希望找到一個百分之百能幫他解決的專家，讓他從此不用再擔心，交給你就萬事搞定。

營造安心感是一項不亞於利他度的抬價武器。

名氣

當你有夠大的個人品牌的時候，你合作的對象也會沾上你品牌的光，變成找你合作還會賺到印象加分與曝光效應、找你合作是一件值得誇耀的事，這也就是你的品牌溢價。

痛點

專家滿街都是，但能懂的顧客心理的專家才能長久存活。

如果你的服務剛好可以解決客戶長久以來忍受的困擾，是競爭者解決不了或是沒有察覺的，這就是你與競爭者之間最有利的差異化，自然有資格要求更高的報價。

限量

服務常常是限量的，你的時間有限，能接的案子一定有限，當你需要以價制量時，或是一個月只打算接幾件案子時，你自然可以順勢抬價。

急迫性

如果對方有時間壓力，或者你擅長處理急件，競爭者都接不了或不想接，這也是你可以合理抬價的因素。

以上這六點讓你思考一下，你有那些可以抬價的條件。

不管你對自己的能力或市場定位怎麼看待，我自己對於新手接案的想法是：

「你的競爭力其實不會比你的前輩差到哪裡去。」

因爲專家不是工廠製造的統一規格品，你的服務也不會是統一規格品；你有你的人格特色，客戶也有，因此每件案子因應不同客戶一定會有差異之處。

當客戶在找專家解決的時候，他們很難明確分辨出哪個專家肯定比哪個專家好，他們判別與比較的根據，全都是來自你自己整理公告出的資料，或是網路上搜尋到的資料。

這就是我為什麼要你經營個人品牌、經營內容、架設個人網站，因為今天客戶上網尋找某服務，然後找到了你跟某個大前輩，他很有可能兩個人都不認識，他還是必須「從零開始」瞭解你跟大前輩。

就算前輩的資歷成就比你顯赫，當案主看過你的介紹、你的故事、你對專業領域的見解、你的專營定位、你的照片影片長相，他很有可能就是喜歡你的想法、你的形象、你的眼緣。

只要好好製作旗艦店的內容，要打敗前輩接到案件，其實並沒有想像中困難喔！

最後，如果你覺得自己好像沒有什麼專業，只是分享一些美食、旅遊、開箱、書評等大家都可以經營的內容，這樣也沒有關係。

下一篇〈教育財〉我就要告訴你，無論如何，你一定都有一份專業可以提供服務。

教育財

教育財也是「別人付費買你的專業」，但不是要你來做，而是要你教他們怎麼做。

現在要你嘗試教別人什麼，很多人會有點怕怕的，覺得自己還不夠格。但你應該有一個觀念，就是：「你只需要教你所知的一切。」

如果你是大師，你當然可以教領域裡的好手；如果你是好手，你則可以教領域裡的新人；如果你是新人，你還可以教還沒踏進領域的門外漢。

世界上總有一群人比你懂得更少，你可以專門為他們服務，之後你越來越強，能講的受眾群也會越來越廣。

所以不管你是誰，知識技能的教學絕對是一項你可以發展的服務財，你可以是一次對一個班的學員上課，也可以是與學員一對一顧問式指導。

許多KOL在他們的多角化經營中，也會嘗試販賣自己的技能與經驗，這也是你可以同時經營的收入來源。

從哪裡賺到教育財？

教育財如果是別人邀請你講課、帶領工作坊等，這也是一種接案。

既然是接案，你一樣要有一間屬於你的旗艦店（個人網站），所以上一篇的旗艦店的六種內容（自介故事、作品成就、照片影片、觀點見解、收費服務、聯絡方式）基本上都是同理沿用在教育財，只是你端出的服務項目就是你的拿手課程、講題，歡迎相關單位來邀課。

不過對於有品牌、有名氣的講師，都不會滿足於受邀開課，一定都會走向自己主辦活動，自己負擔招生、場地、金流、行政等工作。

受邀開課鐘點費假設每小時兩千元，你講了三小時就領六千元。但是如果自己開課，一個學員收一千元，二十個學員就收到兩萬元，你只要控制好招生、場地、金流等成本，是非常有可能領到比鐘點費高出許多的收入。

一名講師從零到一最難，你必須讓自己有一些教學經驗，才容易被人邀請講課，因爲沒有學員喜歡當被你實驗試教的白老鼠。

在你沒有任何教學經驗之前，你可以先從小場子開始練兵。例如你先自辦一場低價的講座，甚至免費的講座，開誠布公講明這是你的Demo課程，讓學員用便宜的費用參加，也歡迎他們給你意見回饋，同時練練自己的教學經驗值。

你也可以找地方社區大學合作開課，社區大學多數滿樂意接受新講師，有些社區大學對於新講師會安排一次試教，由幾位委員測試一下你的講課能力。

除非你已經有還不錯的成就或名氣，不然前期很少會被人邀請講課。要從零突破到一，最好還是先自己主動踏出第一步，在讓別人知道你有這項服務、你也有教學經驗，這才比較容易可以接到邀請。

不擅長面授的人，也可以錄製影片變成線上課程，寫成文字變成紙本書或電子書，然後提案給線上課程平台或出版社，同樣也是一種知識變現的方式。

賺教育財有哪些要件？

教學也是一種賣服務。很多人都有個概念：「要教人，我就必須是最優秀的。」

要破解這個觀念，一樣可以複習上一篇講的「地區性、專營受衆、專營項目、經驗能力、性價比、熟悉感」這些要因。

在教學上還有這三點會讓你與衆不同：

講師距離

在教學上，有時候大師反而教不好門外漢，因爲大師距離門外漢的階段太久了，他講的內容可能是門外漢現階段無法有共鳴與體悟的。

這時候，反而一個新人講師講的內容可能是他之前身爲菜鳥時遇到的問題，也是衆多門外漢會遇到的問題，無論是門外漢的難點、處境還是心情，新人講師可能比大師更瞭解，也更容易滿足他們。

在眞實市場上，不同水準的受衆，他們需要的講師水準也會不同。

講師背景

如果你今天教大家「怎麼在家用部落格經營一個副業」，當你是不同的身分，你給出的建議就會貼近你所屬的身分。

例如你是家庭主婦，你的建議就會說中很多家庭主婦的難點與心聲；你是25歲的上班族，你的建議就容易說中年輕上班族會迷惘的問題；你是銀髮族，你的建議也會是其他銀髮族的困擾。

講師不同的背景經歷，就能貼近不同群眾的處境與心情。

講師風格

風格是最難複製的一項，每個人的成長經歷都不一樣，說話與教學的習慣都不同。像我就是一個非常理性派的教學者，會喜歡給出實用的步驟方法公式。但也有學員是喜歡感性派的教學者，喜歡聽故事、聽鼓勵、聽哲學。

這些風格之差沒有一定的優劣，當學員對應到自己喜歡的風格派別，才會學得最有成效。

不同講師風格，會吸引不同頻率的學員。

從這幾點自我定位的要件來看，個人品牌搭配教育財，你很容易就能做出價值區隔，展現你的獨特之處，差異化就是你的市場競爭力。

教育財能賺多少？

你的知識產品（實體課程、線上課程、電子書、紙本書等）能賣多少錢，這當然各行各業很難比較，除了講師的專業度、資歷、成就，以及上一篇講到的「利他度、安心感、名氣、痛點、限量、急迫性」這幾點能抬價的因素。

對教育財來說，講師的教學能力當然也是非常關鍵的要素，教學能力我覺得又可以分成：

實用度

你教的內容，是否學員馬上就可以上手使用？還是學員還要自己思考摸索，沒有辦法即時應用。當然是一教學員就能立刻上手使用的講師比較有價值囉。

即時性

面授課程時，學員的提問你是不是立刻就能回答？還是容易被問倒呢？這點跟講師的經驗值有關，見多識廣、臨場經驗豐富的講師當然更容易讓學員信賴。

編排力

良好的編排可以讓課程不無聊、提升學習效果，無論是帶活動、分組、實作、案例分析，甚至是講一個笑話，這些要怎麼穿插進課程？比例該怎麼拿捏？都可以看出講師的運課功力。

客製化

不同單位會有不同的需求，同樣的講題對社會人士或對大學生也會有需要調整之處，你能不能因應聽衆調整出適合的內容，也是講師能力的指標。

後續諮詢

你的教學是講完就結束？還是後續願意提供短期的諮詢輔導服務？這也是會

影響講師報價的要素。比起講完就結束的講師，能夠後續諮詢給出具體改進意見的講師，當然也表示他的實務經驗更豐富，才能承擔這樣的任務。

以上這五點可以統稱爲教學能力，也是講師可以收高額學費的價值。

教學能力不只在實體課程上展現，就連書寫文字如何組織編排、舉例講解、說故事、邏輯流程等，也會有高下之分。

當你有教學的經驗後，你一定會發現一個道理：「會教」跟「會做」眞的是兩回事。

教學本身又是另一項專業，而且是很需要與眞人互動的經驗值才會提升的專業，不是你看看書、上上課就可以學會的。

所以觀摩專業講師的手法後，爲自己多創造教學經驗實踐，學用合一才是累積教學能力的不二法門。

賺教育財、賣知識技能的市場情況跟接案一樣，很少有知識產品會百分百相同。就算一樣的知識概念，由你講出來跟由別人講出來，其實就會出現差異了，更不要提講師的背景、課程的編排、講師的風格，這些都很難完全複製。

就如同服務財的結語一樣，各單位或學生在找老師的時候，他們很難明確分辨出哪個老師比哪個老師好，你被學生比較後的優劣落差，全都是來自你自己整理公告出的資料，或是網路上搜尋到的資料。

經營個人品牌、經營內容、架設個人網站，就是讓你的數位資產不會輸給前輩老師，只要好好製作旗艦店的內容，邀課單位或學員他很有可能就是喜歡你的想法、你的形象、你的眼緣。

教育財真的是一項巨大的商機，知名講師受邀的鐘點費可以開到一小時一萬元，還邀約不斷；他們自己開課也能做到一次上課學費破萬元，但是每年仍能招生破百人上課。

尤其在線上課程蓬勃發展後，知名講師一堂線上課程就淨利入帳超過千萬元也是真有其事。

知識變現也是我一直在研究的領域，如果想要把知識變現做得有聲有色，那就不能不懂下一篇個人品牌的財源——「電商財」。

電商財

電商財就是「別人付費買你的商品」。

電子商務最淺白的說法就是在網路上賣東西，在網路上就完成付費結帳。我們上一篇的服務財、教育財，請你販售服務、實體課程、顧問諮詢、線上課程，廣義來說也可以是一種微型電商。

而在本篇我們要講的則是指真正賣出產品，會有物品寄到顧客家中的貨品零售事業。

當你賣服務、賣教育，除非你能培養團隊代替你去服務與教育，否則你的營收一定會被你的時間給限制住，一天服務三組客戶或講三堂課可能已經是極限。

但你如果是賣商品，一天賣出幾十件、上百件都有可能，由此打破一定要花自己時間服務的困境。

當你踏上電商財這一步，可能就會讓你從一人作戰，成長爲一個公司團隊。

從哪裡開始做微型電商？

我強烈建議，前期並不要急著賣產品，你可以先從賣服務、賣教育開始入門線上銷售，因爲這兩項生意都不需要先支付產品成本，也沒有庫存或期限的問題。

缺點是訂單數受限於你的時間，規模不容易做大；但優點是成本低淨利高，不容易賠錢，可以小量穩穩賺錢。

等你摸清楚怎麼優化數位廣告、優化銷售文案、控制成本、培養客群之後，你再考慮販售產品也不遲。

在開始正式賣商品之前，還有兩個方案可以讓你做得更安心：

分潤

分潤就是你只賣流量、曝光與推薦別人的商品，當有商品賣出，你再從中抽取議定比例的分潤，雖然利潤會比自己開發商品賣還要低，但你自己不生產、採購、囤積產品，你就不用承擔產品成本，也不會因滯銷而賠錢。

預購

預購就是你自己開發貨源，必須負擔產品成本，但是你先詢問過不同採購量/生產量的價格，以及最低採購量/生產量的數量，計算出一個你預計不會虧損的銷量，然後再銷售並預收款項。

雖然出貨速度會比較慢，導致顧客意願會下降一些，也可能有上游商貨品出不了的風險，但能確保自己不虧損，也不會讓人量貨品滯銷。

這兩種方式都可以讓你先試水溫、練個兵，避免叫了貨卻發現粉絲無法有效轉為顧客，產品賣不出的困境。

如何開發商品？

做電商的關鍵問題是，當你已經決定要自己開發商品販賣了，該去哪裡找貨源呢？

因爲每個人的領域不一樣，適合賣的商品類型也不同，有的人剛開始找商品，可能直接就上淘寶網站，找看看有沒有適合的商品，然後再跟賣家談大宗購買壓低採購價。

有的人的品牌力強，資金也多，可能就會上網找OEM（委託工廠代工）／ODM（委託工廠設計並代工），最後再貼上你的品牌Logo或包裝，變成你的自創品牌。

例如，你上網搜索「肉乾代工」或「肉乾OEM／ODM」，就會找到好幾家食品廠有這項服務，你再逐一聯繫詢價、調整配方、試吃、定價、通過法規相關問題，再找設計師幫忙設計屬於你的Logo包裝，你的自創品牌肉乾就誕生了。

如何接單

收錢你要接訂單收錢，最簡陋的方式，可以設計一份線上表單給網友塡資料，再請他們先轉帳給你。

進階一點可以找第三方金流公司，申請一個帳號後，你就可以增加信用卡、超商繳費等方式。

最專業就是找電商平台開店，購物功能更完整，也有專人讓你做開店諮詢。

如何寄送

商品你要寄貨給顧客，最簡陋的方式，就是自己包貨找宅急便、郵局、貨運公司出貨，或者到超商也有店到店的服務。

貨品一多、再忙一點，可能就請幾位包裝助手來幫忙包裝出貨。

最省事的方式也有第三方倉儲公司，可以讓你囤放貨品，並幫你包裝出貨，不過對方也會收取服務費用。

以上這些都還沒談到商品的商業攝影照、銷售頁的文案與設計、客服問答等。

看到這你應該會覺得，後面談到的規模已經不像是一個人自己可以做的了，必須有一個小團隊才能運作，所以我也不鼓勵你一開始就自己開發貨品，眞的很容易因爲沒有經驗失敗收場。

對於個人品牌經營者來說，我最建議的方式還是自己不要壓貨、不要包貨出貨，你只負責賣個人形象與品牌影響力。

這也是市面上常見的做法，KOL或電視藝人自稱自創品牌、自創商品，其實是另一家廠商幫忙製造，甚至提供購物平台並幫忙接單出貨，KOL只領分潤的錢，變成賣自己的曝光與影響力。

像這樣的合作方式，當你的粉絲量夠大，我保證一定會有廠商自己主動來找你合作。所以電商財雖然誘人，但先累積自己的曝光量與影響力才是最終獲利的關鍵。

賺電商財有哪些要件？

個人品牌經營者要把粉絲變成顧客，要能靠賣商品賺到錢，我覺得有這六個要點：

產品力

無論你的粉絲對你再怎麼喜歡，他都很難花錢去買一件很爛的東西，或者是他不需要的東西。

你開發的產品是否符合你的屬性、適合你的粉絲群、品質是否是市場上相對好的，這是最直接影響購買的因素。

市場規模

你可以能會受限於自己的經營的類型，所以推出了市場規模很小的商品。

例如你是經營自行車領域的專家，你要賣一個「登山自行車專用的硬前叉」，雖然符合你的屬性，但是對多數人來說，可能就沒有這項商品的需求。

能夠推出廣用性的商品，才是能熱銷的關鍵。

粉絲量

你的粉絲量就是你的曝光能力，雖然無法確定你推出的商品能讓多少比例的粉絲買單（也就是多少轉換率），但至少粉絲量越大，潛在購買的客群就越高，訂單數也越高。

信賴度

粉絲成爲顧客的轉換率有多高，就取決於他們對你的信賴度（或說支持度）有多高。

有些網紅可能靠拍搞笑影片獲得大量粉絲，但粉絲對於他們是沒有信賴度，只是覺得他很好笑而已。

你的專業度／權威性都會影響粉絲對你商品的信任感，也就直接影響了轉換率。

粉絲屬性

有時候你的粉絲量不小，粉絲對你的信賴度也夠，但是粉絲偏偏就是沒有錢，這也是無可奈何的事。

原則上高年齡層比低年齡層的粉絲含金量高，但是屬性也有差別，經營「手工藝群」跟「創業資源群」含金量也不同，這直接影響了你的粉絲有能力購買的單價上限。

客戶維繫

如果粉絲只是出於支持的心態，買一次就不買了，那生意一定做不長久。怎麼讓粉絲願意一買再買？這就要回到之前說的「再行銷」的方式。你要有再次聯繫買過的粉絲的方法，才能有機會讓他們再次購買。

個人品牌要靠做電商賺到錢，這六點就是你一定要思考過的問題。

電商財能賺多少？

做電商就是經營一間公司做生意，做生意能賺多少錢當然是看你能經營得多好。基本上要提升營業額，不外乎是這個公式：

單月流量×轉換率×客單價＝單月營收

假設有一萬個粉絲看到商品推薦、每一百人中有一個會買、平均一個人花一千元，這樣可以試算：

10000×1%×1000＝15萬（單月營業額）

以上公式之外，「回購率」也是電商獲利的關鍵。回購率就是再次購買的比例，多數商品要客戶單月內就回購可能有點困難，在算回購的時候，可能以每個月爲一個區間來計算會比較準確。

回購率可以有很多算法，我建議可以先用：

舊客購買人數÷總購買人數＝回購率

如果這個月10個購買的人之中，有5人是之前買過的舊客，這樣本月的回購率就是50％；如果這個月購買的人中，10個只有1個是之前買過的舊客，這樣本月回購率就是10％。

回購客常常是用很低的再行銷費用再拉回，甚至是沒有花廣告費就自己回購的人，能有效節省廣告費的支出，穩定的回購率就可以爲電商帶來穩定的獲利。

當然以上都是最簡易的算法，眞實情況肯定會再複雜許多，因爲你可能不只一個商品、有預購價／優惠價、有優惠商品組合、多組團購優惠等，但整體還是逃不脫這個營收公式的框架。

要提升營業額，就要把上面的「流量、轉換率、客單價、回購率」四個要因逐項慢慢優化提升，營業額也會隨之增加。

對個人品牌經營者來說，流量就取決粉絲量、轉換率就取決產品力／信賴度、客單價就取決粉絲屬性、回購率就取決客戶維繫。

當你開始順利賺錢之後，你可能會想要購買數位廣告增加流量，讓更多人知道你的商品，這時候才可能會遇到市場規模，也就是商品廣用性的問題。

雖然以上聽起來好像看似可行，但眞的做起來每個細節裡都有魔鬼，這也只是「開源」的部分，之後還有「節流」的問題。

你需要還支付許多類型的成本，除了產品成本與廣告費，還有像是人事、辦公室租金、倉庫租金、金流手續費、物流運費（含退貨）、雜支、營業稅等。營收扣除成本才是眞正賺到的錢，除了提高營收，你能節省多少成本才是最後獲利的關鍵。

電商財是個人品牌經營最具挑戰的獲利模式，也最有可能瞬間帶來大量的收入，但我還是想再提醒你一次，對於個人品牌經營者來說，我最建議的方式還是自己不要壓貨、不要包貨出貨，你只負責賣個人形象與品牌影響力。

況且光是流量財、服務財、教育財就已經讓你大有可爲了，在經驗值不夠、粉絲量不多、品牌力不強之前，電商財可以擺後面一點再執行。等你摸透了網路生態，有一方地位之後，再開始試著賣商品也不遲。

到此個人品牌的四種財源都說完了，下一篇我要把之前講過的所有內容統整成一個我建議新手執行的獲利流程，讓你更明確知道該怎麼做。

個人品牌獲利流程

前面從定位、技能、行銷到獲利，我已經將我覺得你需要知道的重點都告訴你了，但是提到的面向太廣，我怕你一時之間不知道怎麼開始，所以在此我將統整一個最基礎的流程，讓你知道可以怎麼做。

這個流程也是我自己的眞實做法，如果今天我變成新人重新出發，要以獲利爲導向經營個人品牌，我會怎麼做？共有這九個步驟：

1. 盤點自己的能力與興趣

你必須先知道你能做到什麼事（能力），以及你想去做什麼事（興趣）。

興趣是你可能前進的經營方向，能力則是你有哪些武器可以運用，像是做圖、拍片、剪片、講課、寫時事評論等。

先搞清楚自己想做什麼、需要哪些技能，不足的技能也可以安排惡補，讓自己有堪用的水準。

2. 設定經營主題、內容類型、個人定位

第二步，你要訂出你的經營主題，像是料理、單車、旅遊、兩性議題等；以及你主要用什麼內容類型發表，用圖文、影片還是文章？內容類型也直接與哪些社群平台適合你相關。

更重要的是在這個主題裡，你的定位是什麼？你跟競爭者有何不同？定位就要同時設定你的響亮頭銜，以及你的動人故事。讓自己成爲一個容易被討論、容易被記憶的人物。

3. 規畫三層漏斗的內容

第三步，有了主題、內容類型、定位，你具體要產生什麼內容呢？設計內容

記得考量三層漏斗來設計。

- 你要提供什麼陌生人都有興趣看的內容？
- 你要提供什麼給已經知道你的人，你可以維繫他們的內容？
- 你要提供什麼給已經熟悉你的人，讓他們會想購買的內容？

你可以提早儲備一些奇觀型內容的企畫點子；也可以爲長期持續提供的內容構思一個系列（例如：洛克吃美食、洛克愛讀書）；轉換型內容則可以先思考你能賣些什麼賺錢？

這些內容還要跟你的主題、內容類型、定位息息相關。

4. 設計收費品

第四步要延續第三步的最後一段，你要明確設計出你的收費品。

你要賣服務，就列出你的項目與基本收費；你要賣教育，就列出你的擅長講題；你要賣流量，前期流量不足還無法被人看上，但日後你也要準備介紹自己的資料。

越早有收費的打算，你才會越早開始賺錢。

設計收費品不是請你腦袋裡想想就好，而是要眞的公告寫出來，寫在社群平台上、寫在個人網站裡。你可以先不大肆宣傳，但是你要先把這一個收費頁準備好。

5. 定期產出內容

第五步，做好所有前面規畫，也設計好收費品之後，就要老實產出內容了。

你應該盤點你的每週總工時。你可能不是全職經營個人品牌，所以你必須估計你每週有多少時間可以花在上面？然後估算你產出一篇內容並發布出去大約要花多少時間？

把你每週能用的時間除以你製作的時間，你就知道你一週能產出多少篇內容了。你再由此安排一週幾次更新？每個星期幾更新？並且最好公告出來讓網友知道，讓喜歡你的人知道何時該來追蹤。

也別忘了我們提過的三層漏斗內容比例，三者都要適時的出現，或者使用多管道／平台放置三層內容，逐步把陌生人轉變爲信任你的粉絲。

6. 社群平台發布曝光導流，適時付費

第六步，當你有了內容，就要靠內容導入流量。

你可以把「漏斗頂端」最吸引陌生人的內容轉製、發布在不同的社群平台，再把人潮導入「漏斗中段」對已知者溝通的內容或管道，最後把人潮導入「漏斗底部」要熟悉者付費的內容。

具體來說，假設你是攝影師，你在臉書、IG、YT上發了一篇「男友幫女友拍網美照速成法」，在貼文的最後你可以寫一行字：「想學更多拍攝技巧，歡迎到我的網站逛逛」，並附上網址連結。

願意點擊進到網站的觀衆，就是對攝影更有興趣，而且想聽你說的人。這群人在讀完你的網站文章後，可以在網站的頂部選單、側欄、底部或是文章的文末看到你還有付費攝影的服務，可能就促成了一筆生意，靠內容層層說服賺到了錢。

你可以多次測試社群上哪一則內容有最高的點擊率？進到網站後，看哪篇文

章後他更願意點到付費內容（點擊率）？哪一種版本的付費內容他們有更高的意願購買（轉換率）？

當你測試出一組還不錯的組合時，就可以嘗試購買數位廣告（建議先從臉書廣告開始），讓更多人看到社群上的內容，也就會導入更多人到網站，成交更多交易。

7. 內容網站慢慢佈滿領域關鍵字，適時付費

第七步與第六步是並行的，社群平台可能是你的「漏斗頂端」，內容網站就是你的「漏斗中段與底部」。

但是內容網站本身也有靠搜索引擎帶入流量的能力，所以你要定期根據網友會搜索的關鍵字發佈內容，逐步把整個領域的關鍵字給佈滿，靠時間讓網站搜索排名慢慢往前爬，多少賺取一點免費的被動流量。

在你的網站內容還無法排上前幾名之前，你也可以「購買關鍵字廣告」採購特定關鍵字，或是付費意圖明顯的關鍵字。

你可以想想：當你的受眾搜尋哪些詞組時，表示他們有付費的需求呢？

例如：「○○課程」「○○教學」「○○價格／費用」「○○優惠」等。購買這類的關鍵字，就是爲網站導入成交機率高的人群，在被動流量還不夠多的時候，先讓自己的網站主動導流。

至於進到網站後，能不能說服觀看者付錢，就要看你的轉換內容寫得夠不夠吸引人了。

8.設計再行銷的管道與排定內容

第八步同樣與第六、第七步並行，當你在發布內容的時候，同時也要做好再行銷的規畫，把大量流失的路過人潮捕捉回一點。

就算網友看一看沒有付錢，你可以拿一點小甜頭跟他們索取聯絡方式，可能是Email，可能是加入Line官方帳號，也可能是拿到手機號碼可以發簡訊。

也別忘了非常方便的臉書追蹤碼功能，可以記錄看過臉書粉專的人、看過網站內容的人，對他們投放廣告，在臉書或ＩＧ上再次連續曝光。

但你也要接著安排，哪些內容是這些人他們樂意觀看、不會感到反感，把這些內容定期傳送給他們，並偶爾安插一些轉換型內容，促使他們在多次的接觸後，提升對你的熟悉感與信賴，最終願意付費。

而曾經付費過的顧客，你也可以另外再建立一個管道聯繫，推送只有VIP限定的內容，把一次客人經營成回購客，把回購客經營成鐵粉，再請鐵粉幫你分享推薦給他們的朋友，到此才算建立了完整的循環。

9.計算每次購買成本、總支出與獲利，陸續優化各環節

當你完成了前面八步，很有可能已經有少量訂單進來了，搞不好你已經想要採購數位廣告，導入更多流量，獲得更多訂單，把生意做大一點。

這時候就要認真計算，你到底付出了多少金錢與時間成本？賺到了多少錢？是哪邊可以拉高營收？是哪邊可以降低成本？

如果有採購廣告，那每一筆訂單平均是花了多少廣告費？還剩下多少利潤？

當計算出來後，你才知道問題可能出在哪邊，然後一個環節一個環節優化曝光量、點擊率、轉換率、回購率、客單價，讓自己的獲利逐步最大化。

優化是永無止境的，就跟你的成長一樣，這是一條必須持續到永遠的道路。

以上這九個步驟，就是連我自己都會這樣執行的步驟，如果你讀完本書還是

不知從何開始，不妨就照著這九步試試看。

受限於書本的表現形式，許多無法在書中提及的部分，例如一些執行上的細節，我就無法像上課一樣，實際帶你走過一次，這部分就只能留給課上的夥伴。

如果你也需要像這樣「實際走一遍」的觀摩，具體瞭解更多執行細節，可以在本書封底折口掃描QR碼，另外會有一堂〈個人品牌獲利：進階變現實戰課〉的線上課程，你可以參考看看是不是你需要的。

封底折口也會附上350元的折價碼，僅此微薄之禮對買書的你表達感謝。

最後讓我爲流程步驟做個小結。既然我們的目標是「個人品牌獲利」，那就要時時提醒自己，製作內容時，都要想著每一層的任務，層層接棒說服，一直到他們付錢給你。

把錢賺到你才能活下去，有錢入袋你才會眞安心，然後你才有本錢去做一些不會賺錢的事。

下一篇，也是〈獲利篇〉的最後一篇，我們要用更大的格局來看待我們的獲利計畫。

建構可行的商業模式

在〈獲利篇〉的最後一篇，我想跟你分享一個觀念：把前面的打造個人品牌並獲利的流程視爲「一個商業模式」來思考，它們不是拆分的步驟，而是有一致性連貫的商業模式。

你的定位、你的故事、你的內容都有其商業目的，讓你最終達成獲利的成果。

你的商業模式裡，也可以同時賺取流量財、服務財、教育財、電商財，這樣才能把個人品牌的效益最大化。

我也建議你，先選擇把一個有前景的項目好好經營，在該領域占有一席之地

後，再考慮發展其他項目，避免三心二意反而成果不彰。

擁有一個能獲利的商業模式之後，你可以再爲自己打造多個商業模式，不同的商業模式還可以互相加持導流。

建立兩個以上能獲利的商業模式

以我自己爲例，我可以預計銷售一個「桌遊活動」，在完成活動銷售頁文案後，再往前做社群內容、網站內容、再行銷管道，最後採購數位廣告放大流量，完成招生，甚至變成一個常態性舉辦的收費活動。

我也可以預計銷售一個〈故事線上課程〉，在完成課程銷售頁文案後，再同樣往前做社群內容、網站內容、再行銷管道，最後採購數位廣告放大流量，招攬學員。

我還可以預計銷售一個「個人品牌顧問服務」，在完成服務說明頁的文案後，再用同樣的流程招攬客人。其中「故事課程」這個營業項目的資源（累積內容、口碑名聲、學員名單）也可以部分移用到「個人品牌」這個營業項目。

只要你推出的新產品不要離你的個人品牌形象太遠，你完全有可能每年都推出不同的產品。

當然我不是要你盲目地不停推出產品或是轉換跑道，而是要你別把雞蛋都放在同一個籃子裡面。你可以在自己的個人品牌之下，同時有好幾個營業項目在運作。

你可以在多個營業項目裡汰弱留強。你也可以設定一個遠景，然後從現在的定位慢慢延伸過去。

到最後你其實就像一個營運長一樣，管理自己底下的事業體，你著眼的是哪個項目比較值得深耕？整體流程怎麼優化放大？成本結構怎麼控制好？

你需要評估誰該被削弱或關閉？就像我的桌遊項目就被我選擇了暫緩經營，原因也在於它與其他營業項目的連結比較薄弱，淨利與規模也相對較差。

你也可以加強或新增項目，例如個人品牌就是我今年新端出來的營業項目，能幫我在故事行銷領域之外再拓展另一群受眾。

你是個人品牌的經營者，也是旗下營業項目的決策者、統籌者。

擁有建立個人品牌獲利的能力

對於頂尖的業務員來說，幾乎多數的商品在他研究之後，他都有本事可以賣出去，因為他擁有的是對人銷售的能力。

我也建議在你順利建立第一個成功的商業模式之後，可以想一想怎麼建立第二個商業模式。

我沒有一定要你擁有兩個營業項目，你也可以只靠一個營業項目就做得非常成功。但是你應該要有再次「從零到一」的本領，知道如何快速打造一個個人品牌並獲利。

當你熟悉這種建構流程之後，就算未來市場怎麼變化，你都不會擔心，因為你擁有的是建立個人品牌並銷售的能力。

趨勢會改變、數位工具的紅利會改變，但你擁有的能力可以幫你度過未來不可預測的風險，所以培養自己的能力，隨時可以從零建構可行的商業模式，才是你能穩穩獲利一輩子的金雞母。

如果你暫時沒有打算建立第二個商業模式，你一樣可以鍛鍊自己「從零到一打造個人品牌」的能力，那就是找一個你願意幫助的人，協助他打造他的商業模式。

就像是我們常聽說「教別人會讓自己更懂」，有時候我們自己品牌的成功，可能在某些環節糊里糊塗就有不錯的成果。但是如果你想要在別人身上也複製一遍，僥倖總不會連續出現，是要你有真材實料才能再次成功。

那些你協助別人時，再次打通的難關，一定會讓你的技術更強大、經驗更豐富，真正擁有「從零到一打造個人品牌」的能力，無懼未來的風風雨雨。

同時你協助成長的對象，未來也會是你個人品牌路上的真心戰友，在彼此的領域互相輝映加乘，你付出的種種，最後還是會回報在你的身上。

自己有能力了，也要去幫助還沒有能力的人。這是我自己一直信奉的價值觀，也是我一直身體力行的事。

個人品牌獲利這本書，最重要的獲利篇就到此結束了，要達成賺錢的目標，其實從前面的定位、技能、行銷就要一步步都做好，才能順利水到渠成。

如果未來你的獲利遇到瓶頸，也請你要回頭去找找，是不是定位出了問題？技能面還有哪要加強的？行銷的環節還有哪些可以做的？

就算你眞的不知道怎麼賺錢，其實只要你有足夠的曝光量／影響力，永遠不缺人會上門找你合作變現。讓自己成爲領域裡有曝光量／影響力的人，就是個人品牌獲利中絕對不敗的一步。

本書的最後一部分，我想跟你聊聊關於個人品牌的願景，與你一起重新想想，你到底在追求什麼？

PART 5
願景篇

請你思考人生要的是什麼？

爲什麼你會想選擇經營個人品牌呢？不知道你有沒有靜下心想過這個問題？可能只是想幫自己賺外快？可能是想增加公司或自己的業績？可能要培養職場競爭力與人脈？可能最後想成爲一個自由工作者？

雖然不知道你的答案是什麼，但我希望你可以想一想自己追求的到底是什麼。

個人品牌是一個需要花時間長期經營的事業，所以就算你可以順利賺到錢，你可能也需要持續經營，才能保持聲量不墜。在你投注大量時間與心力之前，我想請你思考這個問題：

你的人生最重視什麼？經營個人品牌有助於達成你重視的事物嗎？

這個問題如果你覺得太模糊，我們再具體一點探討以下四個問題，幫你釐清你真的需要經營個人品牌嗎？

1. 你每年需要賺多少錢呢？

我知道錢沒有人嫌多的，當然是越多越好，所以我們要從「下限」來思考：你覺得讓你過上還算有品質的生活，一個月最少需要花多少錢呢？

「品質」這兩個字很彈性，有人一天能花六百元餐費就覺得滿足了，有人可能一天要花到一千元的餐費才覺得不錯；有人住在20坪的房子就覺得舒適了，有人可能住30坪都覺得不夠大；有人開著平價房車就覺得夠用了，有人可能不開進口車心裡就覺得不舒服；有人平價品牌的衣物就覺得便宜耐用了，有人就是希望有一點小精品來點綴自己。

每個人的背景不同、性格不同、追求不同，只有你能替自己定義什麼叫「有品質的生活」，所以這問題還要靠你自己誠實計算出來。

如果你就是想過有一點奢侈的生活，那也沒關係呀，反正誠實面對自己，你才知道你的目標是什麼?每個月需要多少錢?每年需要多少錢?

如果你有貸款、租金、負債、孝親費、保險費、固定投資、小孩教育費等,當然也要一併算進去。

最後你會得出一個夢想收入,而你現在可能還有一份正職收入,把你的「夢想收入」減掉「目前收入」,就得出了你與夢想之間的差距。

這份差距,您可以靠跳槽升職加薪來追上,也可以靠多兼一份外快來彌補,還可以靠投資理財增加收入,靠個人品牌獲利也是只追上的方式之一。

如果你單純只是想追求高收入,你可能並不一定需要經營個人品牌。

2.你想成為怎麼樣的人?達成什麼成就呢?

如果你想成爲一位名人、一位有影響力的人、一位多人皆知的專家,那你可能需要經營個人品牌。

如果你只是要在領域內保持名聲,比如一個在附近居民口中技術不錯的醫生;在業內口碑不錯的接案者;在家長口中一位很會教學生的老師,這樣具備技術性的工作,只要你有好本事,其實也可以靠口耳相傳得到客源與不錯的收入。

經營個人品牌雖然可以幫你拓展客源與抬高身價，但也不是一定要做的事。

個人品牌意味著有一群不少的人知道你是誰，你是做什麼的。

如果你追求的成就與未來希望成為的模樣，並不需要被大衆知道也可以達成，那你也可能並不需要經營個人品牌。

3. 你想每個月保有多少時間可以陪伴家人呢？

如果全職經營個人品牌，你就是自己的老闆，最大的好處就是可以自己安排工作時間。我覺得這也是個人品牌最誘人之處，沒有上司老闆、沒有職場人際問題，自己掌控行程與進度。

你有沒有想過可以每週都帶家人出去玩？或是每天可以多早下班，有多少時間可以待在家裡陪家人？又或者每隔多久可以帶父母或家人一起來趟小旅遊？

想要跟家人與父母一起來場家族旅行，比起花費的金錢，我覺得時間才是最難擠出來的。

我們把情況講得具體一點，如果你希望每半年可以帶爸媽出遊一次，同時你也希望每半年可以跟伴侶孩子出遊一次，這樣一年四次旅遊的安排，你能撥得出時間嗎？

如果你還希望可以避開人潮衆多的假日或連假，想選平日悠閒出遊，你的工作允許你這樣做嗎？

如果你希望一週至少有四五天可以陪家人孩子吃晚餐，這也表示你無法總是加班、無法隨時爲工作待命，你的工作允許你這樣做嗎？

種種情況，同樣每個人的條件與目標都不一樣，你每天想多早下班？你每個月想一日遊或半日遊幾次？你每年想兩日遊或三日遊，甚至出國玩幾次？

這類的家庭時光你希望擁有多少，只有你自己能給出答案。

如果我剛剛提過的，這樣可以不加班、可以有時間出遊、可以自己安排行程，也能有一定水準的收入的工作型態是你嚮往的，那請你再想想，你目前的工作做得到嗎？還是你可以怎麼樣努力或改變，讓你現在的工作慢慢做得到呢？

經營出一個成功的個人品牌，的確可以拿回對自己的主導權，也能有不錯的收入；但如果你現在的工作（或未來的升職／轉職）也能做到自己掌控行程與進度，同時擁有不錯的收入，那你其實並不一定需要經營個人品牌，努力做好目前的工作搞不好一樣達成了時間自由的成果。

4. 你想每個月保有多少時間可以自由運用呢？

我們人生在世，可能爲了活得好而努力，所以我們追求收入；可能爲了尊嚴與榮譽而努力，所以我們追求成就；可能爲了愛與家人而努力，所以我們還需要時間。

以上可能是多數人活著的目標，但値得思考的是，在金錢、成就、家人之外，你還剩下什麼呢？

你自己有什麼夢想呢？你有什麼興趣呢？你有什麼想自己完成的事呢？會不會你一直想學吉他呢？會不會你希望可以找朋友挑戰百岳呢？會不會你想把金庸的小說全部重看一遍呢？

不管是有意義的事、好玩的事、自己一個人想完成的事，你的人生總需要一點時間留著做你自己。

你需要多少時間做你自己、做你覺得想做的事、做你不用管未來收益的事，一樣全看你自己是什麼想法。

如果你覺得你的人生就是賺錢、拚成就、陪家人這樣就夠了，不需要留給自己放鬆、或是跟死黨閨蜜瞎胡鬧的時間，那也是一種選擇。

如果你覺得需要再留一點時間給自己，也請你把這些時間規畫進你的「不工作時間」，看看與上一項陪伴家人的時間相加後，你總共希望自己每月可以擁有多少可自由支配的時間？或說你每個月只想工作多少時間，就獲得自己期望的收入？

以上四個問題你都經過深思誠實作答後，你可能會得出這些答案：

- 你每年期望的最低年收入
- 你希望達成的成就或形象
- 你每個月希望工作的時間量（或是自由運用的時間量）

經營個人品牌的確有可能創造一個有錢、有閒、有榮耀、有尊嚴的生活，但也不能保證是否一定會達成你以上的目標，或者不知道要花多久時間才能達成你以上的目標。

不過你可以反著來思考，你現在的工作以及未來的前景，是否有機會可以幫你達成你列的這些目標呢？或說還需要多久時間才能達成呢？

如果你想一想之後，覺得現在的工作以及未來的前景，實在很難達成你夢想中的收入、成就與工時，那經營個人品牌可能就是你可以嘗試的道路。

也許不敢說一定能盡如人意，但至少是有個機會可以達成。

我也想用自己的經驗想跟你說，經營個人品牌一路上爲我帶來太多好處。下一篇，我想換從我的價值觀跟你聊聊，我怎麼看待經營個人品牌這件事。

經過思考後，我的人生要的是

不知道你還記不記得，在〈前言〉中我有提到，當年我還在冷凍工廠的時候，副廠長爲了鼓勵我努力工作，還私下對我說，只要在公司好好做三五年，就很有機會升組長，甚至要當上副課長也不是不可能。

甚至有一次私下聊天，副廠長還跟我透露了他的年薪，差不多是一百二十萬元，他可能是想透過他覺得的高薪成爲我努力工作的動力。

我當時心裡卻有點震撼。

我看著副廠長，他比我年長了30歲，已經五十好幾要奔向六十歲了，我心想，在這間公司朝九晚六、週休二日上班二三十年後到達副廠長這樣的成就，眞的是我想要的嗎？

不，顯然不是，這不是我二三十年後想要的模樣、也不是我二三十年間想過的生活，所以我更明確地知道，我該離開這份工作了。

在上一篇的〈請你思考人生要的是什麼〉，我一直在跟你說，你其實不一定需要經營個人品牌，看起來好像在叫你不要做。

但並不是的，我是想請你考慮清楚、不要衝動。我希望你是經過評估、心甘情願地做。

工作沒有不苦的，總有你需要忍受的地方。有句話說：「要毀掉一首心愛的歌，就是把它設爲起床鈴聲；要毀掉自己有興趣的事，就是把它變成你的工作。」

成功的個人品牌的確風光，但在你剛開始起步的時候，或者當你很明確要靠它賺錢的時候，你總是會有感受到壓力、挫折、被誤解、迷惘的時刻。

所以當你懷疑自己到底爲誰辛苦爲誰忙時，不妨想想你的初衷，你的人生追求什麼？你的人生不想要什麼？你爲什麼需要個人品牌來得到想要的、逃避不想要的？可能你心裡會有更強烈經營個人品牌的動力。

當你知道自己爲何而努力，你才能忍受眼前的不如意。

「我的人生追求什麼？我要想什麼樣的生活？」這個問題你應該也想過，每個人有不同的價值觀，價值觀會影響你的行動決策，我自己就有這些價值觀：

1. 時間寶貴，應該追求高效益的工作
2. 總要花時間賺錢，那不如把工作變成自己有興趣的事業
3. 人生太短，應該及早行樂，而不是老年退休後才享受
4. 工作與賺錢是爲了讓生活變更好，所以有品質的生活才是主角
5. 人生只有一次，把時間留給值得你付出的人

這些價值觀就會決定我怎麼下決策、怎麼過我的生活。

其實我一直使用「簡化」來改善我的生活。選擇做讓我更自由卻還能賺到錢的事，而不是賺更多錢卻更忙更勞心的事。

從2015年開始，越來越多人透過我的個人網站認識我，接著幾年我的頭

銜也從小說家、專案總編輯、全職編劇、知名講師、暢銷作家一路增加，也跟形形色色的朋友合作完成了不少有趣的活動。

隨著知名度持續累積，我的收入也逐年屢創新高。但是收入與付出也是成正比的，我也有過淩晨五點就必須出門趕第一班高鐵去工作，或是幾乎一整個月都在熬夜，趕稿子趕簡報備課。

如果我持續這樣的生活方式，當然還是可以穩穩有很不錯的收入，可是我卻覺得，我這樣只不過是忙碌的高薪勞工，這樣的生活是我要的嗎？

所以我從2018年開始錄製線上課程《故事大課》《素人出版指南》等，其實就是在爲減少實體講座做鋪路，想聽的歡迎線上看就好。

2019年出版的兩本書《寫作革命》與《故事行銷》，也是我講座與實體工作坊的精華，想學的歡迎買書看就好。這些知識產品都能倍增我的時間，我不用一次次到場親自再講一遍。

有些人覺得我是不是變大牌了？怎麼活動邀約都婉拒了一堆？其實不是的，只是我深深知道我人生追求的是什麼。

我要的不是創立一間高營收的公司、不是成爲一位有權力的管理者、也不是成爲萬人崇拜的網紅。

我要的只是能有一筆愜意生活有餘的穩定收入，能用最少的工時換得報酬，把大多數的時間用來體驗人生與陪伴家人。

我是一個喜歡自由自在的人，我可能有時候心血來潮，就會放下工作前往北海岸漫遊一整天，吃吃小吃踏踏浪，沒有特定的目標與方向，只是靜靜感受自己的所見所聞。

但這樣的行爲，我身邊很多同爲個人品牌經營者的朋友卻覺得是一件奢侈的事。

他們的想法是，如果有時間就應該去做更有產值的事啊，或者說應該盡可能把所有時間用來累積自己的資產（無論有形／無形），資產會像複利，未來會帶給你回報。所以他們會不停追逐更大、更多、更有名、更高收入。

也許你也是這樣想，其實我以前也是這樣想，畢竟這是社會主流的價值觀。

但是當我開始懂得拒絕一些看似美好風光卻不一定能幫助我活得「更簡單又更高效益」的工作內容，我才眞正感覺再次拿回了人生的自主權。

我會不停思考如何做得更精準更好，付出更少卻獲得更多。

如果我們人生在世一路奮鬥，爲了創造成就、爲了打造影響力、爲了安頓好未來而不斷努力，但現在有家人在身邊的時候，卻連一起去海邊踏浪、鄉間漫遊的時間都抽不出來，我想這樣的生活是沒有滋味的。

常常有人說，趁著年輕就該好好衝刺事業，但我反而覺得，趁著年輕就該好好享受生活。

與其規畫退休再去遊遍台灣，那爲什麼不趁現在就出發，用最有活力的身體來體驗生活呢？

該怎麼一邊好好生活，一邊賺到足夠的收入，這就是我一直努力的目標：享受工作、高效益獲利、把時間留給值得的人、把品味生活變成人生的主角。

我希望你可以試著想想我的這個觀點：

經營個人品牌，是我們達成理想生活的工具，能愜意過著理想的生活，才算有享受到我們努力的成果。

我們該爲了生活而選擇適用的工具，而不是因爲工具壓縮到美好的生活。

這是我最後想對你，也對我自己，在追逐個人品牌路上的一句提醒。

請為了某人而努力

再次感謝你買了這本書，並讀到了最後，世界上的資訊無窮無盡，你願意花時間在我的文字上，我是真誠地想對你說聲謝謝。

要經營好個人品牌，需要的知識與技能太多了，本書我也只能從我的經驗裡歸納，給出我覺得最關鍵的一些建議，希望能也給你帶來收穫與啓發。

至少在書寫時、修潤時，我總是反覆問自己：「什麼是最關鍵要提到呢？」「什麼是我自己也會這樣做的？」「什麼是要給至親的人建議時，我會提到的？」

我一直希望內容可以聚焦在「實用、真誠、貼切入門者的需求」，不要講太多空洞的理論與心靈的哲理，能夠給出具體的經營與獲利協助。

在我出版了《寫作革命》與《故事行銷》兩本書後，曾有也是講師的朋友罵我太笨了，明明我的課就還能持續再開，課程的淨利又高，就算做成線上課程都好，爲什麼要把內容拿去出書，「賤賣」自己的智慧財產？站在利益最大化的角度，我的講師朋友講的是正確的，出書已經不是這時代最大知識獲利的方式，有不少都是比出書好的知識變現方式。

可是我知道，出書卻是讓知識最普及的方式之一。要是我有什麼觀念或技藝，是覺得大家如果能早知道一點、多知道一點會讓人生更好的。

那我會希望將它出成一本書，讓更多人可以看到，得到收穫。

不是每個人都學得起幾千甚至上萬元的課程，也不是每個人都有公司幫忙出內訓費，但我想對於熱切想學習的你，買一本書絕對是你能負擔的投資。

而我一開始做的資料網站「故事革命」，也是希望每個人都可以用最低的門檻得到知識，用知識實踐你的夢想、改變你的人生。

雖然講起來有點不好意思，好像把自己說成是一個很有理念的人。但我是眞心這樣想的，在用個人品牌追求理想生活的同時，我也希望可以幫助到一些比較沒有資源的朋友。

在我們實踐自己人生目標的同時，如果同時可以幫助到其他人，那會是一件非常幸福的事。

這是我眞心的感受，每次當有人跟我說從我的網站收獲了多少內容、我的書或課程給了他們多大的幫助，我也會感覺非常的開心，就像我做了一件多麼了不起的事，我感受到我做的事是有價値的、對某些人有必要性的。

所以我清楚體會過，「爲了自己而努力」跟「爲了別人而努力」所獲得的幸福感是完全不同的層次。

因此，如果要我對經營個人品牌最後再給一個建議的話，我希望在你分享的同時，也可以抱持著是爲了幫助世界上的某人而分享。

你可以先爲了自己、再爲了家人、再爲了身邊伙伴而努力，到最後你也可以爲了世界上某一群人而努力。

願你可以透過幫助人，感受到世界上源源不絕的各種幸福。

你一定會覺得，你的生命很有意義，你的人生不虛此行。我想，這大概就是經營個人品牌最大的收穫了。

親愛的朋友，最後我想眞誠地再說一次，感謝你買了本書，願本書能爲你帶來幫助，願你能實現你的理想人生，我的祝福將永遠與你同在。

李洛克

Eurasian Publishing Group
圓神出版事業機構
用心與你對話・視野無限寬廣
如何出版社
Solutions Publishing

www.booklife.com.tw　　reader@mail.eurasian.com.tw

Happy Learning 189

個人品牌獲利：自媒體經營的五大關鍵變現思維

作　　者／李洛克
發 行 人／簡志忠
出 版 者／如何出版社有限公司
地　　址／臺北市南京東路四段50號6樓之1
電　　話／（02）2579-6600・2579-8800・2570-3939
傳　　真／（02）2579-0338・2577-3220・2570-3636
總 編 輯／陳秋月
主　　編／柳怡如
專案企畫／沈蕙婷
責任編輯／丁予涵
校　　對／丁予涵・柳怡如
美術編輯／金益健
行銷企畫／詹怡慧・曾宜婷
印務統籌／劉鳳剛・高榮祥
監　　印／高榮祥
排　　版／陳采淇
經 銷 商／叩應股份有限公司
郵撥帳號／ 18707239
法律顧問／圓神出版事業機構法律顧問　蕭雄淋律師
印　　刷／祥峰印刷廠
2020年12月　初版
2023年9月　4刷

定價400元　　ISBN 978-986-136-563-3

經營個人品牌是我認爲人生最值得的投資，它同時滿足了三個可以讓人生更幸福的要素：「自由掌控時間、實現自我價值、創造高效益收入」。

——《個人品牌獲利》

國家圖書館出版品預行編目資料

個人品牌獲利：自媒體經營的五大關鍵變現思維／李洛克 作.
-- 初版. -- 臺北市：如何，2020.12
304 面；14.8×20.8 公分. --（Happy learning；189）
ISBN 978-986-136-563-3（平裝）

1.品牌 2.行銷策略

496.14　　109016344